HINO

日野自動車の100年

世界初の技術に挑戦しつづけるメーカー

工学博士 鈴木 孝 編著

HINO'S CENTENARY
100 years
of
technological challenge

Takashi Suzuki

MIKI PRESS
三樹書房

使用開始：1946年

日野初のトップマーク

使用開始：1952年

特装車・クレーンなど

使用開始：1950年

ボンネットトラックバス単車

使用開始：1952年

箱型バス〜1971年以降の全車

使用開始：1955年頃

ボンネットトラックバス単車

使用開始：1961年

初代COE（TC10は除く）

使用開始：1964年

ZM100

使用開始：1964年

初代KM

使用開始：1968年

新ボンネットトラック（KB）

使用開始：1969年

2代目COE（TC10は除く）

使用開始：1989年

4代目中小型トラックバス

使用開始：1992年

4代目大型トラック

使用開始：1953年

ヒノルノー

使用開始：1961年

コンテッサ900

使用開始：1960年

ヒノコンマース

使用開始：1962年

ブリスカ（FG30）

使用開始：1964年

コンテッサ1300（セダン初期型）

使用開始：1964年

ブリスカ1300

使用開始：1965年

コンテッサ1300クーペ、1300S、1300セダン

使用開始：1994年

現在のトップマーク

● トラック、バス ●

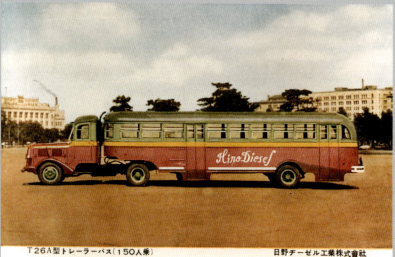
T26A型トレーラーバス（150人乗）　日野ヂーゼル工業株式會社

1：T13B型トラクター＋T26A型トレーラーバスのコンビネーション（1949年）
フェンダーも丸くなり、1式兵員輸送車の面影は全く消えて、復興期のラッシュアワーに威力を発揮した。150人乗り。

T23型トレーラートラック（10-15屯積）　日野ヂーゼル工業株式會社

2：T13型トラクター＋T23型トレーラーのコンビネーション（1949年）
10～15トン積み。

3：BH型ボンネットバス（1950年～）
1950年、戦時の遺産100式ディーゼルエンジンを利用したトレーラートラック、バスを脱却し、真っさらの新エンジンDS10型を搭載したBH10型ボンネットトラック、バスを発売、一気に市場を拡大した。

世界を走る!! ブルーリボン号

日本で唯一のアンダフロアエンジン・バス 5つの特質

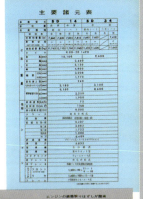

主要諸元表

4：BD14型アンダーフロアーエンジンバス（1952年〜）
エンジンを水平にして床下に納め、乗車定員を増すという画期的なバスは1952年に登場、逐一改良された。

5：輸出向けのアンダーフロアーエンジンバスのカタログ

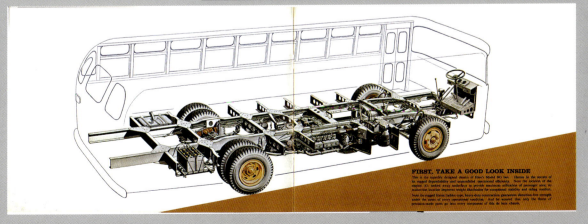

6：TT10型トロリーバス（1949年）

架線の電源からの電気でモーターを駆動する電気バスである。
トラクター トレーラー式のTT10型に続いて、単車型のTR20、TR22型を製作した。東京都内を走行した。IPSハイブリッド（本文4-3）の原点でもあり、未来システムの原点ともなろう。

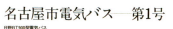

7：BT900型電気バス（名古屋市交通局）（1973年）

当時の運輸省および通産省の支援の下、東芝、湯浅電池と共同で開発、名古屋市交通局のバスで運行した。日野自動車のハイブリッドの原点である。

8：KB120型8トン積大型トラック（1968年）

1950年に完成したTH型トラックはその後発展したが、KB型はTH型の後継車として1968年に完成した。材木を満載して雪道を駆けるKB型。エンジン：EB100型175馬力（129kW）。

9：画期的な前2軸、TC10型大型トラック（1958年）
総重量20トン、1軸10トンという日本独自の規制におけるカーゴトラックのベストソリューションで、この発表で他社が直ちに追従した。出力増強が要請され、初めてのターボ付きDS50型エンジン（8リッター、200馬力）を開発、1960年に発売した（本文3-2-1）。パワーステアリングの威力は、ハンドル操作がさぞ重かろうと噂したトラック野郎の心配を、驚きと共に吹き飛ばした。

10：海外ビジネス誌に掲載された日野トラックの広告（1965年頃）

11：KB型トラック、海外ビジネス誌に掲載された広告

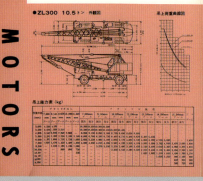
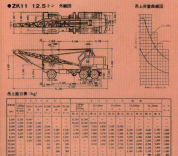

12、ZK型クレーン車（1961〜1966年）
1950年代までのクレーン車は、クレーン作業用の備品を積んだトレーラーを引っ張っていたが、1960年代に入り、このような一体形の車になり、キャブは車の片側に寄せられて配置された。ZK型は吊り上げ能力12.5トンから25トンまで発展した。

13、ZG13型重ダンプトラック（1958年）
佐久間ダム建設時に開発された車で、試作は難渋したが、1954年に採用された。日本初のパワーステアリングなどにより使い勝手が良く、絶賛をもって迎えられ、以後逐一改良され積載量も12トンから15トンに増加した。

14、ZT300型クレーン車(1973年)
　吊り上げ能力：15〜20トン。1970年代に入り、今までのクレーン車特有のボンネットの片側に寄せられたキャブは、トラックのキャブを低床化したものに代わり、居住性などが大幅に向上した。

15、ZH100型全輪駆動車(1972年)
　7トン積み、ダンプ、エンジン：EB300型190馬力(140kW)。

16、HE340型トラクター トレーラー、コンビネーションの新聞広告（1971年）
エンジン：EF100T型ターボ付き、350馬力（257kW）。後方の車はTC型前2軸フルトラクター トレーラーで、エンジンはEG100型305馬力（224kW）。

17、KM300型中型トラック、海外ビジネス誌に掲載された広告
写真は3.5トン積み。

18、日野レンジャーKMシリーズ中型トラック（1964年～）
1963年に新たに日野レンジャー3.5トン積みトラックとして登場し、幅広く展開された。エンジン：DM100型100馬力。

19：日野レンジャーKL300型中型トラック（1969年）
行燈(あんどん)とあだ名された大きな車幅灯を配したユニークなスタイルは大型トラックも同じコンセプトを採用、市場での存在感を向上させ、好評であった。名月に浮かぶ鼻高のシルエットに、働きを全うした安堵と静寂が漂う。積載量：4〜4.5トン。

20：TC300系前2軸トラック（1969年）
11〜11.5トン積、エンジン：DK10型205馬力(151kW)。パワーステアリングにより「さあ行くぞ！ ハンドルは軽いぞ！」と言わんばかりの表情である。

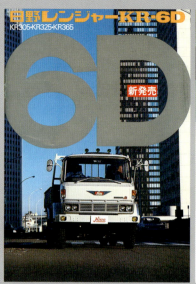

赤いエンジンで登場 日野レンジャーKR-6D

HINO MICRO-MIXING SYSTEM
新しい価値 "ミクロの渦流" 赤いエンジン 165ps

HMMS燃焼方式

[1] 吸気
シリンダヘッドからの空気の流れは、吸気ポートで作られた特殊な溝により、シリンダ内に擾乱を発生させます。これにより空気の流れがミクロの渦流となります。これが威力をもった渦のエネルギーです。

[2] 圧縮
たくみに生成された渦のエネルギーが一気に圧縮されます。この渦はミクロの渦流のままの状態で圧縮、良好な燃焼に必要な空気の流れをつくり、燃料噴射による着火と燃焼をよりスムーズにするための準備をととのえます。

[3] 着火
燃料噴射と同時に、たくみに生成された渦のエネルギーによって、空気と燃料が、今までには想像られない迅速さで、まんべんなく混合されます。これによって、すばやくムラのない着火と燃焼が行なわれます。キメ細かな燃焼は、燃焼エネルギーをムダなく引き出し、きわだつ燃焼効率の良さをもたらします。

高速度撮影による燃焼工程

■ HMMS
■ 従来の方式

[1] 燃料噴射
上の写真は、燃料が噴射しはじめている状態です。HMMSの方は、ミクロの渦流によって、燃料がくまなく拡散しています。

[2] 着火
従来の方式では、まだ着火にいたっていませんが、HMMSでは、すでに着火が始まっています。これは、渦のエネルギーの作用で、着火がすばやくロスなく行なわれている証です。

[3] 燃焼
従来のエンジンでは、黄赤色のスートクラウド(煤の集合)が発生しており、無駄な燃焼となっています。一方、HMMSは、全面が白色になっていて、完全燃焼していることがわかります。

きわだつ燃焼効率・ミクロの渦流
HMMS

日野レンジャーKR-6Dは、6トン車に直噴式赤いエンジンを初めて搭載。6トン車を一段と速いものとしています。しかも、まったく新しい燃焼方式HMMS——日野マイクロ・ミキシング・システムを採用。他に類をみない燃焼効率を生み出すとともに、めざましい性能と、確実な低燃費を得ています。信頼性・整備性でも一段すぐれたものとしています。その上、165PSの高出力。これは"ゆとりある性能"を追求した結果にほかなりません。赤いエンジンEH700は直接噴射式とし、斬新で価値のある燃焼方式HMMSが生む"ミクロの渦流"で、6トン車に、飛躍的進歩をもたらしました。

● 余力をもたせたパワー
さまざまな走行条件にも、余力ある出力165PSでゆとりをもって応えます。

● 交換期間を一気に延長
つねに早い速度での完全燃焼を行なうため、オイル汚れも少なく、オイル交換、エレメント交換の期間が長くなりました。エレメントの目詰りは、警報ランプにより運転席からチェックでき、整備性を向上させました。

● すぐれた燃費
きわだつ燃焼効率によって、燃焼エネルギーのロスをなくしました。このため、少ない燃料で大きな出力が得られ、燃料消費率163g/ps·h(1,600rpm)と、このクラスのエンジンとしては、非常にすぐれたものとなっています。

● 信頼性・整備性を向上
ウォーターマニホールドを廃止するとともに、シリンダーヘッドまわりを簡略化するなど、キメ細かな配慮をほどこし、信頼性・整備性の面でも一段と向上しました。

直噴 EH700

総排気量 6,443cc 最大トルク 45Kgm

■ エンジン性能曲線図

■ エンジン諸元表

型　式	EH700
種　類	ディーゼル4サイクル水冷直6
燃焼室形式	直接噴射式
内径×行程	110×113
総排気量(cc)	6,443
圧縮比	17.7
最高出力(PS/rpm)	165/3,000
最大トルク(Kgm/rpm)	45/2,000
噴射順序	1-4-2-6-3-5

21：日野レンジャーKR型トラック(1978年)

中型トラックのキャブを用いた6トン車、中間車型と呼んだ。1975年、対策困難と言われていた直噴エンジンで、初めて排ガス対策に成功した。その技術を採用したエンジンが説明されている。新技術の核心は独特の吸入空気ポート(空気の通路)の形状により、シリンダ内の空気流動に乱れを与え、これによりNOx低減時の黒煙増加を抑えたことである。それを証明するため、世界で初めてシリンダ内のディーゼル燃焼の高速度撮影に成功し、アメリカのSAEで発表した(1977年)。圧縮行程で減衰しない大きな渦を発見したのである。これはその写真を掲載したカタログ。この燃焼方式をHMMS(Hino Micro Mixing System)と称した。名付け親は当時の関口秀夫部長(後副社長)であった。HMMSは最初EK100型エンジンに適用されたが、直ぐにこのEH700型も含め全エンジンに展開された。

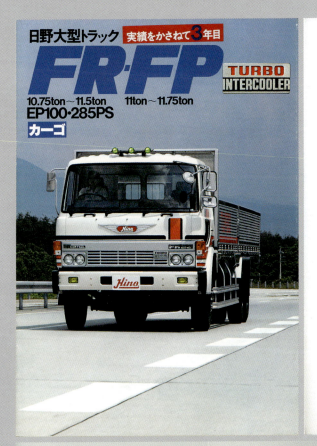

新しい時代はいつも日野から始まる

大型トラック本来の価値とは何か。真の機能とは何か。このテーマを世に問うクルマ、それが、日野新大型トラックシリーズです。この大型トラックシリーズに、新開発のターボ専用エンジン(EP100型)"ドルフィンターボ8・8"を搭載して新登場。"これがターボだ"という驚くべき低燃費と高出力を同時に実現しました。給気の温度を大幅に下げて高い吸入空気量をえるためのインタークーラをはじめ、数々の新機構を採用。単にターボチャージャをセットしただけの"改良"とは根本から違います。もちろん省エネルギーと人間尊重の日野思想は変わりません。空力特性にすぐれたエアロダイナミックスタイルのキャブ。ディーゼルトラックでは世界初のETコントロール(燃料噴射時期自動制御装置)、一段と磨きをかけた新HMMS(日野マイクロミキシングレスシステム)燃焼方式。快適な乗り心地を約束するフルフローティングキャブ。そして注目の電動チルトなど、原点からの新機構が随所に息づいています。ディーゼルの日野だからこそ創り得たこの快挙。いま、大地をとらえ、未来に向けてセンセーショナルに新登場です。日野は、新しいトラックに載せて、設計思想そのものをお届けします。

インタークーラ付きターボですぐれた低燃費と高出力を実現したドルフィンターボ8・8誕生

22、スーパードルフィンFR、FP型大型トラック(1981年)
EP100型エンジンは世界初のダウンサイジングエンジン、世界初の電子制御トラック、世界初のカーブド・インペラー、ターボコンプレッサーなどなど、さらにキャブ(運転台)自体を浮かせ、そのチルトを電動化するなど新規アイデア満載、乗り心地は向上し、前任車対比で30%以上の燃費改善を果たし、一世を風靡した(本文3-2-8)。販売部門は「ディーゼルエンジンが頭脳を持った」と宣伝した。

23、風のレンジャー中型トラック（1980年～）
空力特性向上を徹底したデザインで、ボディー全面の空気抵抗は35％も低減出来た。販売部門は「風のレンジャー」と名付けて売り出した。ベースは中型トラックであるがバリエーションを拡げ、最大のものは8.25トン積みとなり、車幅は大型並みに拡大した。積載量：4.5トン～8.35トン。写真はマイナーチェンジした1983年型。

24、クルージングレンジャー中型トラック（1989年）
「美しいトラック」というコンセプトのもと、動力性能、乗り心地、疲労軽減、安全性をワンナップし室内幅、奥行き寸法はクラス最大とした。イメージキャラクターにハリウッド女優ダイアン・レインを起用、大々的に宣伝した。

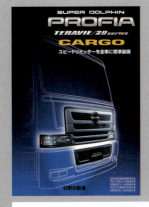

25、スーパードルフィン プロフィア大型トラック（1992年）
スタイルと共に、キャブサスペンションに空気ばねを採用、乗り心地、疲労低減、安全性など一挙に向上させた。

26、スーパードルフィン プロフィア、テラビ大型トラック（1998年）
カーゴトラックは空気ばねが主流となり、乗員はもちろん、荷傷みも無くなった。

できる大型。

'03年9月より、スピードリミッターが装着義務化されます！
スーパードルフィン プロフィアは、安全性を先取するスピードリミッターを全車標準装着です。

つねに日本の物流シーンを担う大型トラック、スーパードルフィン プロフィアは規制緩和の流れを的確に捉え、高効率輸送の切り札としてますます評判。大型グリルと新エアロスポイラーバンパー（一部車型に標準装備）がつくり上げるイメージは、まさにダイナミック。
●好評の「プロシフト＋FSクルーズ」や低燃費エンジンによる優れた"経済性"をはじめ、
●新開発キャブサスペンションによる"高品質輸送"
●ショートキャブや軽量化がもたらす"高積載"
●部品の長寿命化による確かな"耐久性"
●先進の環境技術に基づいた"環境適合性"
●ワイドなバリエーションを図りながら一段と高めたキャブの"快適性"
●そして日野ならではの充実した"安全性"など、
高機能を実現する『7大ポイント』を全身に装備。
平成13年騒音規制にも適合し、"静粛性"もアップ。
これが、日本の基幹能力、スーパードルフィン プロフィアが、大型トラックの可能性をまた広げました。

優れた経済性	8ページ
高い輸送品質	12ページ
群を抜く積載性	16ページ
ハイレベルの耐久性	18ページ
先進の環境適合性	22ページ
際立つ快適性	26ページ
高水準な安全性	38ページ
オプション	42ページ
外観図	51ページ
主要諸元表	58ページ
走行性能曲線図	76ページ
設定車型一覧表	106ページ

27、レンジャーFC型トラック（1995年）
レンジャーKM型以来のベッドレスの短距離用トラックも、クルージングレンジャーのコンセプトを踏襲、
地場まわりに活躍。

28、レンジャーGK型トラック（1995年）
中間車型として最大の11.5トン積み。

29、レンジャープロ中型トラック（2002年）（上2点および左）
ベッド付きのいわゆるフルキャブに対し、ニーズが高まったベッドの無いショートキャブシリーズの充実を図った。室内を立って動ける、このクラス初のハイルーフキャブのカタログ。

30、日野デュトロ小型トラック（2007年）
3トン積み以下の小型トラックとしてデュトロは1999年にデビューしたが、2007年から普通免許で運転出来る車はGVW（車両総重量）5トン未満となり、GVW 6.5トン未満の需要がこのクラスに移行した。これを受けて2007年にN04型新エンジンを搭載した新型デュトロである。

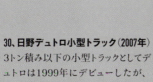

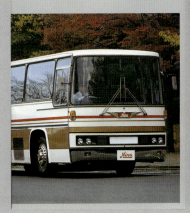

31、RS120P型スケルトンバス（1977年）（左および下）
トラックと同じ梯子型フレームにボディーを架装した構造から1960年に飛行機の構造と同じモノコックとなったが、これは飛行機と同じように外面にリベットの頭が並んだ。スケルトン構造とはこれから脱してスペースフレームに外板を溶接する構造で平滑な表面となり、外観品質が一気に向上した。日本で初めてRS型で採用した。

32、日野セレガ大型観光バス（2005年）
いすゞ自動車との折半で設立した新鋭バス専門工場、「ジェイ・バス株式会社」の第一作である。セレガも2代目となり、ジェイ・バスのJをイメージした斬新なデザインもまた初代と同様に注目を集めた。いすゞ向けの「ガーラ」もほとんど同じデザインであるが、一部の細部が異なる。エンジン：E13C型12.9リッター、ターボインタークーラーエンジン、338kW（460馬力）、279kW（380馬力）。

33、日野ポンチョ小型ノンステップバス（2006年）
都市内コミュニティバスとして、想を新たに開発した幼児から高齢者まで暖かく迎える新しい社会の新しい顔である。エンジン：J05D型4.7リッター、132kW（180馬力）。

● 乗用車・小型商用車 ●

34、ルノー4CV（日野ルノーPA型）
本国ルノー公団のカタログの日本版である。従ってその後直ぐ取り付けられることになった前後のバンパー棚板は付いていない（口絵P2参照）。

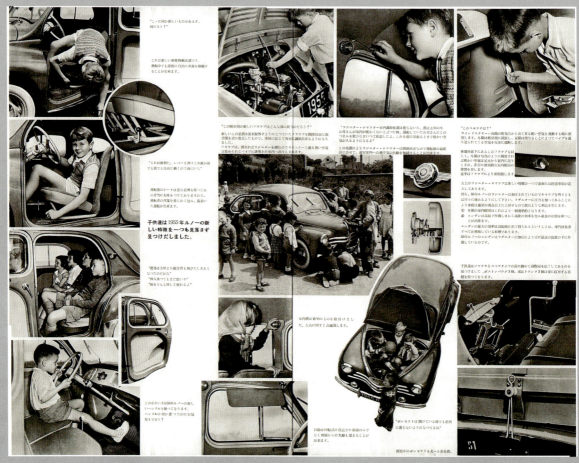

35、小さいけれども必要機能は十分

これもルノー公団のカタログの日本版。簡素な設計でエンジンには燃料フィルターもオイルフィルターも無し、サーモスタットも無い、エンジン水温調節の必要を感じたら室内からラジエーターカーテンを調節すれば良い、などなど……。群がっている子供たちは今年のモデルは何処が改良されたかのクイズに挑戦中。

実証された性能

第1回日本グランプリ自動車レースで日野コンテッサは、その高性能を遺憾なく証明しました。初気量700cc～1000ccのツーリング・カー・クラスで多くの外国車及び国産車を引き離して優勝。更に、1300cc以下のスポーツカー・レースに唯一の普通乗用車として出場、世界的な有名スポーツカー、オースチン・ヒーレー、MGミゼット等を抜いて2位を獲得。多くの自動車専門家やジャーナリストから絶讃を始しました

日本グランプリ・レース 700cc～1000cc

日本グランプリ・スポーツカー・レース1300cc以下

36、第1回日本グランプリで健闘するコンテッサ900（1963年）

この大会で立原義次のコンテッサはツーリング部門優勝（上）、立原はスポーツカー部門でも通常のセダンでありながら第2位を獲得。写真（下）は、スポーツカー部門で、DKW、オースチン・ヒーレーを尻目にトップを走り続けるR.ダンハムのコンテッサ。終盤で惜しくも転倒、ダンハムは8位に後退した。

37、コンテッサ900の構造を示すカタログ図(1960年)
スタイルはルノー4CVから脱却し、サスペンションは独特のトレーリングアーム方式を採用したが、動力系のレイアウトは4CVの遺伝子をそのまま受け継いだ。

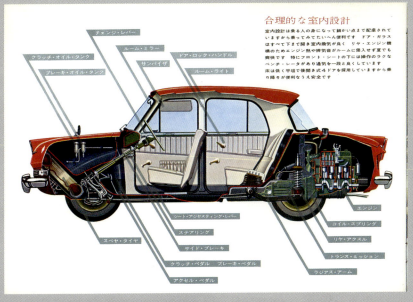

38、コンテッサ900、海外版カタログ(1960年)
抜群の発進加速性能はオーナードライバーに特に好評であった。

39、コンテッサ1300セダン(1965年)
車体側面からの空気取り入れを排し、ラジエーターの冷却空気は後部から取り入れ、エンジンコンパートメント内で反転させ床下に抜いた。ジョバンニ・ミケロッティのスタイルデザインは冴え、クーペと合わせて国際エレガント賞は5個も獲得した。

スタイルは…

G・ミケロッティ会心の傑作です…

コンテッサクーペのこの気品たかいプロフィールをご覧ください。優美な流れ、颯爽たるボディ変貌が見事に現われたトリノモード・スタイルはますますその名を高めているG・デザインの巨匠伊タリアの魔術師ミケロッティとの契約でリヤエンジン機構の有利さを縦横に活かしスタイルはもちろん、女性でも操作がたやしく、追求しました。眺めても走ってもそこはかもなく個性的なる2ドア・クーペです

海外でも実証されたその実力…

イタリアのアラッシオでおこなわれた[第5回国際自動車エレガンス・コンクール]に参加 スタイル・性能とも圧倒的な好成績で世界の名だたる車を日に浴せ(名誉大賞)を獲得 また1966年7月ベルギーのカノケで開催された[国際エレガンス・コンクール]でも、やはり(名誉大賞)を見事かちとるなど、その実力は広く海外でも実証されました

いたれりつくせりです……

念には念を入れた不断の装備です 強力カーヒーター、高感度カーラジオ、ビニールパッキンなどの装備から、タコ・メータやトリップ・メータつき連度計までも本格派向きの計器もそろっています ツーリング・ドライブを楽しむカー・マニアの愛着特別に装備の設備 ドライビング・テクニックにそれたるしがをかがらせます スポーティ・ハンドルもスポーティなムードを添えてます

40、コンテッサ1300クーペ(1965年)(上の3点)
度重なるエレガンスコンクール賞に輝く優雅なスタイルと、独特のスポーツ性能は未だに多くの愛好者に恵まれ、クラシックカーフェスティバルでは度々入賞を飾っている。

41、コンテッサ1300の海外ビジネス誌に掲載された広告(1964年)
独特のラジエーターのレイアウトは華麗なリヤデザインを誘引した。

42、激務の後、マイカーに癒される、海外ビジネス誌に掲載された広告から
疲労困憊した心身は、コンテッサの心地よい帰路のドライブで蘇生する。その実感が伝わる広告である。後方には日野のトラックのラインナップが並ぶ。

43、FF（フロントエンジン・フロントドライブ）4輪独立懸架、トーションバーばね、という意欲設計の「日野コンマース」（1960年）（左およびその下）
昭和30年代「車でピクニック」という手が届きそうな夢を実感させた。

▶5人乗り 300キロ 積貨客兼用車
▶5人乗って300キロの荷物が積めます。荷物の積みおろしは後部ドアが大きく、うまらから、極めて楽です。
▶乗心地は楽行と乗用車と変りませんから、お客様接待としての使い道もドライブを楽しむこともできます。

● 安定の良いフロント・ドライブ
▶フロント・ドライブ機構が日野コンマースの生命です。独特の駆動装置によるフロント・ドライブ車ですから、駆動輪の路面粘着力が大きく、推進力・登坂力とも強力です。
▶操舵性が良く、高速で急カーブを曲ってもアンダ・ステア、オーバ・ステアの傾向がなく思うまま、安心して運転できます。
▶この種の車として初めて四輪独立懸架方式を採用、フロントはトーション・バー、リヤは板バネとトーション・バーを併用し、3段階に作用する独特のスリー・ステップ・スプリング機構になっています。重心が極めて低い上にスタビライザもついていますから、空車時も満載時も、やわらかい快適な乗心地とすぐれたロード・ホールディングを示します。

● 効率が高く経済性に富んだエンジン
▶小型ながら軽くて堅ろうなモノコック・ボデーの日野コンマースによくマッチし、加速のよくきく素晴らしい走行性能を発揮します。燃料消費も驚くほど少い経済性に富んだ信頼できるエンジンです。

44、日野コンマースの足まわり
前後輪のサスペンション、パワーユニットのレイアウトを示したカタログ。

45、日野コンマースとルノー4CVの組み合わせは病院の設備として最適、というカタログ。4CVをドクターカーに、日野コンマースを診断車、救急車、患者運搬車に、という提案。

46、ブリスカ（1960年）
モノコックのコンテッサ900に対して、トラックのブリスカはシャシーフレーム付きの堅実な構造を採った。そのスタイルデザインもユニークで堅実性を表徴していた。

47、ブリスカ1300（1965年）
ブリスカ900と同じ思想で、シャシーフレーム付き、荷台は畳、唐紙の寸法を考慮して決めた。

48、最後のオリエントAC型とBB型が並走しているカタログ
三井精機工業のオート3輪トラックは終戦の翌年、第1号のA型を誕生させたが、3輪トラックから小型4輪トラックへの需要変化による日野ブリスカの誕生に伴い1960年代には消えていった。最後のBB型（右）は1958年に発売された。好評のAC型（左）は併売され1963年まで生産された。

日野自動車の100年

世界初の技術に挑戦しつづけるメーカー

MIKI PRESS
三樹書房

推薦の言葉

　日野自動車は、トラック・バスのメーカーとして世界にその名を馳せているが、その歴史を紐解くと、100年前まで遡ることになる。かつての乗用車部門での活躍を含めると、まさに自動車産業の歴史と伝統を誇るメーカーとして位置付けられる。

　本書は社史を超えて、技術における確かな実績と時代を拓く先進技術への挑戦を浮き彫りにし、文化的な視点をもって織りなす技の仕組みと魅力を書き留めている。

　1917年、日野自動車のルーツである東京瓦斯電気工業は、星子勇氏の指揮のもとトラックTGE A型を試作、翌年には軍用自動車補助法第一号車に認定され、ここに自動車造りの道が拓かれる。さらには航空機産業にも進出し、1938年、FAI規定の世界記録と国際記録の2つの記録を樹立した「航研機」の組立と製造に貢献。第二次大戦中にあっては、陸海軍のさまざまな要望に応えた技術的実績を持つ。本書はこの貴重な史実を明断な視座をもって教示している。

　戦後、日野自動車はトラック・バス事業をすすめる傍ら、フランスのルノー公団との提携によるノックダウン生産を開始、乗用車製造に進出している。1953年、当時は欧州の乗用車製造技術を導入することは決して容易ではなく、ルノー4CVの生産をこなした「日野技術」は驚異であり、専門家の間では高く評価されていた。

　1961年に「モーターファン」誌ロードテストで、コンテッサ900の加速や燃費テストを通産省東村山テストコース（機械技術試験場）で行なう機会を得た時のこと、リヤエンジン・リヤドライブ機構や電磁式オートクラッチの採用、さらには流麗なボディデザインなど、当時としては驚きと感動そのものであった。今では懐かしい思い出である。

　1966年、トヨタ自動車との提携を機に、乗用車部門からは撤退したが、その高い技術力と技術者魂は、トラック・バス開発に集中されることになる。バス・トラックのいわゆるダウンサイジングエンジン設計、大型ボディの空力設計、直噴ディーゼルやコモンレールシステム開発など、本書はそれら含めプロフェッショナルの王道の在り方を想い起こさせてくれる。

　1971〜75年、通産省大型プロジェクトであった名古屋市電気バス（BT900型）の開発・走行試験は、日野自動車のEV技術の原点といわれているが、小生もこのプロジェクトに電気自動車WG委員として参加、この時期はわが国の電気自動車二度目の挑戦期でもあった。

　日野自動車の先進技術への挑戦は、さらにはガスタービンバス、水素ディーゼルトラック、ハイブリッドバス、燃料電池バス、水素バスなど多岐にわたり、誠にもって見事である。

　モータースポーツでは、1997年パリダカールラリーのカミオン部門での優勝。それに史上初の1、2、3位独占の偉業である。これは企業を超えて日本の誇りであるといえよう。

　日野自動車の一世紀にわたる変遷がまとめられることは初めてのこととうかがっているが、本書の内容は単なる自動車史にとどまらず、「20世紀の日本の技術と哲理とその奮闘」を学ぶことができる意義深い書といえよう。ここに著者ならびにご関係の方々に衷心より敬意を表する次第です。

芝浦工業大学　名誉学長
日本自動車殿堂　名誉会長
工学博士　小口　泰平

目 次

推薦の言葉　小口泰平／3
はじめに／5

写真で見る日野自動車の変遷①（黎明期〜第二次大戦前後）…… 6
- **第1章**　東京瓦斯電気工業（ガス電）時代／25
- **第2章**　日野重工、日野産業そして日野ヂーゼル工業／57

写真で見る日野自動車の変遷②（乗用車、商用車、建設機械〜トヨタとの提携）…… 65
- **第3章**　日野自動車工業から日野自動車／97

写真で見る日野自動車の変遷③（先進技術への取り組み）…… 129
- **第4章**　未来と車文化への触手／137
- **第5章**　環境社会、グローバル社会と商業車／146

会社の変遷／148　　生産台数／150　　ダカールラリーの戦績（トラック部門）／151
年表／156　　2010年以降の車両紹介／170　　参考文献／172　　あとがき／173

■ 読者の皆様へ ■

　本書に登場する車種名、会社名などの名称は、原則的に主要な参考文献である『日野自動車工業40年史』『日野自動車 技術史 写真編』（日野自動車工業株式会社発行）や、その他の当時のプレス資料などにそって表記してありますが、参考文献の発行された年代などによって現代の表記と異なっている場合があり、編集部の判断により統一させていただきました。ご了承下さい。スペック等の記述に差異等お気づきの点がございましたら、該当する史料とともに弊社編集部までご通知いただけますと幸いです。

三樹書房　編集部

はじめに

　日野自動車の創業は1910年、「東京瓦斯工業」の名で「千代田瓦斯会社」の子会社としてガス灯用器具を製造したことに始まる。後、電灯器具の製造も手がけ「東京瓦斯電気工業」（通称ガス電）と社名を変更した。第一次大戦時、ガス電は、砲弾の信管など大量の軍需品その他の注文を得た。この資金を元に社長松方五郎は自動車製造を策し、1917年に自動車製造技術の総師として星子勇を招聘した。同年、早くも「TGE A型」トラックを製作、翌1918年、軍用保護自動車第1号として陸軍に採用された。国産量産トラックの第1号でもあり、これが日野自動車の原点である。

　ガス電は航空機産業にも参入、1928年には国産航空エンジン第1号となる「神風（しんぷう）」星型航空エンジンを完成、以後、航空機も手がけた。その理由は、将来予測される戦争において、自動車会社はシャドウファクトリー（戦時軍需転換工場）として航空機製造の技術を会得しておかなければならない、という星子の国家的識見によるものであった。

　ガス電自動車部は1937年、いわば軍部の主導で「東京自動車工業」となり、1941年には戦闘車両専門の日野製造所が完成。さらに翌年、「日野重工業」として独立、数多の車両を生産した。戦後は「日野産業」となって今日の日野自動車につながった。一方航空機部は1942年「日立航空機」として独立したが、星子の意志であったシャドウファクトリーとしての機能は航空エンジン生産設備を移転した日産自動車での「初風」、トヨタでの「天風」の生産により、その目的を果たすことが出来た。

　このような日野自動車の歴史は、おびただしい種類の製品にあふれている。本書では、これらの中から技術発展に貢献した製品を選び、先人たちの技術屋としてのロマンと心を探り、さらなる技術発展の糧としようとするものである。

蝙蝠（こうもり）マーク
（蝙蝠は中国では幸福の象徴で清朝も愛用していた）
TGE A型～TGE G型前半
使用期間：1917年～1923年頃

TGEマーク
TGE G型後半～TGE L型前半
使用期間：1923年頃～1931年

ちよだマーク
TGE L型後半～東京自動車工業
使用期間：1931年～1941年

写真で見る日野自動車の変遷① （黎明期～第二次大戦前後）

自動車

G1：TGE A型トラック（1918年）
我が国初の純国産トラックとして、1917年に試作を完了し、翌1918年、軍用自動車補助法の試験に第1号として合格、20台を生産した。日野自動車の原点である。エンジンは4.4リッター、30馬力（22kW）/1000rpm。ヘッドライトはアセチレンランプ、カーバイドを入れたガス発生機を装備している。

G2：八王子　銀杏祭りのクラシックカーパレードで元気に走るTGE A型トラック（1998年）（日野自動車21世紀センター、オートプラザ蔵）（写真、横山道生氏提供）
TGE A型の開発時に参考としたと記録されているリパブリックのモデル10型を、アメリカで探し出し一部の部品も流用して、このレプリカを完成させた。ただしエンジンは1918年型リパブリックに搭載されていたコンチネンタル、モデルC型、3.6リッター、32～38馬力（24～28kW）で、TGEのオリジナルのエンジンと外形は似ており、これを搭載した。スターターは無く、クランクハンドルでエンジンをかける。この車両は2009年2月経済産業省により「近代化産業遺産群」に認定された。

G3：TGEトラクター（1925年以前と推定）
後軸がチェーンドライブになっておりA型の改造ではないかと思われる。引っ張られるトレーラーは消防ポンプ。

G4：運行テスト中のTGE GP型（1927年）
鋳物スポークホイール、ヘッドライトは電気になった。電動式スターターも採用され、後期にはディスクホイール、空気タイヤにもなった。車輪の脇にぶら下がっている「のれん」のようなものは、水たまりの泥水を飛ばさないためのもので、昭和初期の車は付けていた。この写真のものは、棕櫚(しゅろ)製にみえるが口絵G8のものは布製である。

G5：TGE GP型、広軌牽引車（1928年）
この時代に既に薪ガス車が存在した。薪ガス車とはガス発生炉の中で薪を蒸し焼きにして木炭を作り、これを燃してCO_2を発生させ、これを高温の木炭層を通過させて還元しCOを作り（水素なども含まれる）、これをエンジンに吸入させて燃焼させるものである。原理の発想は古いが本格的に取り組んだのはフランス陸軍で、1920年代はじめにアンバー(G. Imbert)の方式をベルリエトラックに、1926年にはサウラートラックに適用した。ほとんど同時期にガス電が製造したことになる。ガス電の益田申（後日野自動車専務取締役）が中心となり、後に九州大学教授となった柘植盛男他と協力開発し、陸軍特許となった（木炭車とは薪の代わりに木炭を直接利用するもので、原理はどちらも同じである）。ガスとしての発熱量がガソリン混合気に比し約70％となるのでエンジン出力もそれだけでも低下するが、ガス中に含まれる水蒸気や、さらに長い配管などによる充填効率の低下により、低下率はもっと大きい[1-2-1]（本文1-2）。広軌牽引車というのは、いわゆる広軌の鉄道で、鉄道のインフラはあってもガソリンの調達が困難な地区を想定したものだろう。鉄道と一般道路双方をタイヤ（ゴム製と鋼製）の交換だけで走れる。今日流に言えばバイオ燃料のデュアルモード車両である。

G6：TGE GP型、散水車（1928年頃）
現在の赤坂御苑と思われる門前に集まっている散水車。

G7：TGE L型、始動車（1930年）
始動装置を持たなかった飛行機エンジンの始動に使われた。後、飛行機のエンジンは慣性始動装置が多く用いられるようになったが、陸軍は始動自動車を第二次大戦でも愛用した。列線に並んだ飛行機を順に始動していくのである。飛行機はイスパノスイザ300馬力エンジン搭載の、フランス製ニューポール29C1を国産化した中島甲式4型戦闘機。

G8：TGE K型、照明車
L型の応用車の一つ、3.7リッターのL型。原型のエンジンのボア（シリンダー直径）を5mm増加して4リッターとした。発電機を搭載し、中空のプロペラシャフトの中にその駆動軸を入れ、照明時には切り替えて発電機を回した。93式照明車として太平洋戦争ではラバウル基地で活躍した。ゼロ戦は着陸灯が無いので、離着陸時には必須であった。敵機の来襲時には探照燈としても活躍した模様。終戦時、連合軍はこれを破棄せずに持ち帰ったと言われる（本文1-2）。泥水よけはラバウルでは要らなかっただろう。

G9：ちよだP型、ダンプトラック（1930年）
縦に置いたティッパーラム（油圧シリンダー）とベッセル（荷台）の当時の駆動メカニズムが良くわかる。1930年、ガス電製トラックが宮内省御用達にあずかり、これを機に商標を「ちよだ」にあらためた（本文1-3）。

G10：ちよだP型、消防車（1931年）
日本初の国産消防車である。警視庁に納入した。消火ポンプもガス電製、1924～1932年頃にかけてガス電は消火ポンプの製造販売も行なっていた。

G11：ちよだMA（MP）型低床バス（1931年）側面と正面（上）とTGEのトップマーク（下）（鉄道博物館の御厚意による）（口絵G15参照）
「省営自動車第1号」つまり鉄道省（現JR）が最初のバス路線として開通させた岡崎－多治見線（岡多線）の第1号車である。当初TGEであったが途中から、ちよだ号と改称した（本文1-3）。スペアタイヤが2本も付いている。悪路のためか、タイヤの品質のためか同じ路線上で2回パンクしたことも何度かあって、こうなったのだろう。右側のタイヤはツルツルで2回目のパンク用なのであろう。エンジン：P型（図1-3-6）6シリンダー、4.7リッター、37馬力（27kW）。このTGEのトップマーク（写真提供、大西孝博氏）は、下地の意匠の上に載った独特のものである。

G12：ちよだQSW装甲牽引車（1931年）
広軌（1524mm）も、狭軌（1067mm）もどちらも対応出来、さらに一般路はゴムタイヤ（空気入りでなくソリッド）に履き替えて走行出来た。写真は一般路用のゴムタイヤ履き。砲塔に2ヵ所、運転席横の前方に1ヵ所銃口がある。軍艦旗が掲げてあるので、海軍陸戦隊（旧軍の呼称で、海軍に所属するが、上陸して陸上戦闘を行なう戦隊、アメリカの海兵隊と同類）でも使用したのだろうか？1937年までに約30台生産した。

G13：商工省標準型式車、ちよだTX35型「いすゞ」号（1932年）
商工省が主導し国産車メーカー3社（ガス電、石川島自動車、ダット）および鉄道省が共同で開発、ペットネームとして応募の中から「いすゞ」号とし、3社でそれぞれ生産することになった。最終的には合併した会社、東京自動車工業で生産した。「いすゞ」は後いすゞ自動車の語原となる。エンジンはボア（シリンダー内径）×ストローク（ピストン行程）＝90mm×115mm、6シリンダー4.4リッター、45馬力（33kW）/1500rpm（後70馬力/2800rpmとなる）。TX35型はホイールベース3500mm、TX40型はホイールベース4000mm。

9

G14：ちよだTX型、ダンプトラック（1937年）
口絵G9に示したダンプトラックに対し、ダンプ機構が進歩しホイストシリンダー（油圧シリンダー）とリンクの組み合わせになっている。フロントホイールは鋳物のスポークである。

G15：TGE MA型バス（1930年）（口絵G11参照）
ガス電最初のバス。鉄道省の省営バスの計画に応じて試作した。当初32人乗りで、当時としては飛行船のように大きいと言われた。何と、このバスも軍用保護自動車の適用を受けている。L型エンジン4シリンダー、4.4リッターであったが、大出力が望まれ、後、日本初の6シリンダーで4.7リッターのP型エンジンに換装、さらに発展して40人乗りのS型8.1リッターエンジン100馬力となり、台湾にも輸出された。

G16：ちよだS型バス（1932年）
S型バスはMA型から発展したもので、そのボディー架装は脇田自動車工業が受け持った。同社は後、帝国自動車、日野車体となり、現在のジェイ・バス（日野自動車といすゞ自動車の合弁で設立した）につながる。写真は台湾省営バスとして神戸港で船積みのため陸送途中の京都市内でのもの。大型バスが珍しいので人だかりがしている。バスの前と横に写っている大八車が、後年発展してオート3輪となり、やがて小型トラック（日野ブリスカなど）に移行してゆく（本文3-4）。

G17：ちよだST型、バス・トレーラー（1932年）
側面の表示は三雲—亀山線と読める。MA型とほぼ同時期の鉄道省の省営で、トレーラーには米俵が満載され、貨客一体の運航のようである。

G18：後2軸バス、TU23型（1938年）
現在の感覚からすれば、この大きさで2軸の必要性は薄いはずだが軍用車の転用で、このような車型が出現したのかと想像した。しかし、当時の解説では、悪路の運行では6輪の方が有利であり、さらに不整地では比較出来ないほど6輪の方が、利点がある、とされている。つまり現在では想像もつかない極悪路の路線もあったのだろう。

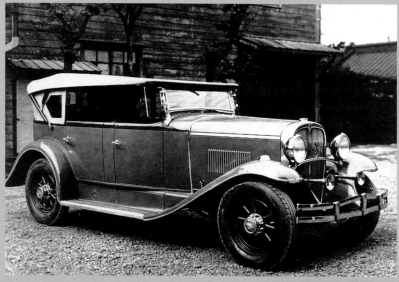

G19：ちよだHF型、菊1号乗用車（1933年）
指揮官車として開発されたものだろうが、何台生産されたかは不詳。

G20：小型乗用車「ホヤ」（1934年）
通常型の乗用車として作ったHF型は指揮官車としては不整地走行性が不十分であったので、家本潔（後日野自動車副社長）らが関わり、フォードのシャシーを縮めて小型化し、4輪独立懸架としたものを作った。ベルクランクとコイルスプリングとを組み合わせた独特のフロントサスペンションであったが、これは失敗、コニカルスプリングを用いることで成功した。50台生産された。

G21：ちよだHS型乗用車（1933年）
国産初の軍用乗用車として稼働した。指揮官用である。全輪駆動技術（主に等速ジョイント技術）が不十分であったので、後軸を2軸とし悪路走破に対処した。前軸直後のスペアタイヤは車両の両側に取り付け、極悪路の場合は車輪として作動する。この車はアメリカのハドソンスペシャルをコピーしたと言われるが、このスペアタイヤの工夫はどうやらシュタイヤーの真似と思われる。

G22：ちよだHA型乗用車（1934年）
P型エンジンが搭載されたのではないかと想像される。日比谷の展示会に出品されたが、試作のみで終わった。

G23：92式8トン牽引車「ニク」（1932年）
日本陸軍は戦車の必要性をなかなか理解しなかったが、大砲用の牽引車は1923年には開発していた。ただし量産は1932年からであった。ほぼ同時期にガス電は89式15センチ加農砲牽引用に、この8トン牽引車を作った。時速は10km/h程度（日本の大砲の車輪は列強のようなゴムタイヤで無く荷車と同じ鉄輪のため高速では曳けなかった）で、自動車部隊とは行動を共に出来なかった。当初はガソリンエンジンであったが、その型式は特定出来ない。100式統制型ディーゼルエンジンの完成後はこれをガソリンエンジンに替えて「92式乙」と称し、ガソリン車を「甲」とした。約260台生産され、各地の戦線で活動した。ガス電は以後多くの牽引車も作った。写真は運行試験中と思われ、豊橋にて、というメモが残されている。かなりの大型である。

G24：98式6トン牽引車「ロケ」（1938年）
（写真、ダイハツ工業提供）
牽引車として最多の1,230台生産され多くの戦線で活動し、戦後も各地に残された車両は現地の手で稼働、各種作業に使われた。日野自動車でも日野工場と日本橋の本社間の連絡車としてしばらくの間活用したという。エンジンは100式統制型水冷ディーゼルエンジン、120馬力（88kW）/1800rpm、リヤエンジン式、24km/h。1943年、この車で次期戦車用トーションバーサスペンションの実路テスト中、路外転落事故を起こし東北大学の市原通敏教授が殉職された。このトーションバーサスペンションは当時実験メンバーの一人であった家本潔により、戦後ヒノコンマース（本文3-1）に生かされた。

G25：97式軽装甲車「テケ」（1937年）（1989年ラバウルにて撮影）
ガス電が初めて手がけた戦車は94式軽装甲車であった。ただし名前の通り本来は戦車ではなく前線に弾薬を補給するための弾薬搭載キャリヤー（運搬車）として発注されたものであった。しかし中国戦線では重火砲との対峙もなく、軽量が幸いして軟弱路面も踏破出来、キャリヤーを外して豆タンクと呼ばれ戦車の役割を果たし、500輌も生産された。これをディーゼル化する際のエンジンは池貝自動車に発注されたが、エンジン全長が延びることに対処するため車両設計変更も含め池貝が担当、制式化された。後、東京自動車工業、日野重工としても量産、総数約700輌を生産した。全備重量4750kg、エンジン：空冷4シリンダー、ディーゼル65馬力（48kW）/2300rpm、40km/h。

G26：100式統制型ディーゼルエンジン（1940年）（日野自動車21世紀センター、オートプラザ蔵）
日本陸海軍の主力エンジンとして、直列4、6、8、V型8、12シリンダー自然吸気80馬力～過給200馬力のバリエーションがあった。写真は最も量産された直列6シリンダー自然吸気、ボア×ストローク＝120mm×160mm、10.9リッター、120～130馬力（88～96kW）。

G28：95式装甲軌道車「ソキ」（1935年）（北京軍事博物館）
クローラ（キャタピラ〈無限軌道〉）付き車両で狭軌および広軌の鉄路、さらに陸路も自在に走れる車両は世界唯一ではないかと思われる。その利便性で大いに役立った。エンジンは6シリンダーガソリン、89馬力（65.4kW）/2400rpm、最大速度、軌道上72km/h、路上80km/h。写真の背後にある97式中戦車「チハ」と較べ二回りも大きいのに驚く。

G27：ガス電EC型戦車エンジン（1937年）（日野自動車21世紀センター、オートプラザ蔵）
2001年偶然発見された未知のエンジンであったが、制式化は漏れたものの、多数が稼働したことがわかった。日本の戦車は貧弱な火力、薄い装甲からブリキのタンクと揶揄され大戦末期には地面に埋められ砲塔のみ出して単なる砲として使われた。精神力一辺倒の軍部官僚の無見識な方針の結末ではあったが、列強にならい航空エンジンから出発したせっかくのエンジンをディーゼル化する際に、鈍重バルキーなエンジンを許容してしまった技術屋にも責任がある。この発見されたエンジンは、このような方針に反し戦車用として必須の軽量コンパクト空冷アルミエンジンであった。制式化されなかった理由は陸軍が決めたボア、ストロークに合致していなかったからであった。ボア×ストローク＝115mm×150mm、9.3リッター、130馬力（96kW）。

G29：1式鉄道牽引車（1941年）（タイ、カンチャブリ、リバークワイ駅）
100式鉄道牽引車を1000mm軌間（ゲージ）にも対応できる仕様にしたもの。エンジンはDD10型、8リッター、ボア×ストローク＝110mm×140mm、空冷63～90馬力（46～66kW）/1200～1800rpm。鉄道牽引車は口絵G5のTGE GP型が嚆矢と思われるが、その最終発展型である。1942年に東京自動車工業日野製造所は独立して今日の日野自動車に至る訳であるから、日野の血が混じる最後の製品と言える。ボンネットに手をかけエンジンを覗き込んでいるのは二見富雄日野自動車社長（当時）。

G30：16トン重牽引車「チケ」（1942年）
試製重牽引車として紹介されていたものであるが（本文1-4-1）、2010年の夏、その取扱説明書の原稿と思われるものが偶然発見され、一方残されていた社内資料では16トン重牽引車とされているので上記表記とした。
（上）：右側面であるが、中央にエンジンを置き、後方にラジエーター2個をV型に配置し押し出しファンで冷却する。ミッドシップエンジン リヤラジエーターで、何かコンテッサ1300を連想させる。牽引する大型火砲の操砲電源として15kW発電機を操縦席下に配置する。側面に置かれた長いパイプは牽引用の連結棒に思われる。
（下左）：牽引車の正面写真は珍しい。ラジエーターは背面にあるので、正面のルーバーは乗員用のベンチレーター孔であろう。
（下右）：搭載された100式統制型水冷V12シリンダー予燃焼室式（DC20型）エンジン。ボア×ストローク＝120mm×160mm、21.7リッター、200馬力(147kw)/1800rpm（240馬力という資料もある）。シリンダーブロックは2シリンダー毎の分割でスタッドボルトによりヘッドと共締め、カムシャフトはクランクケース外側に各1本のOHVである。

飛行機

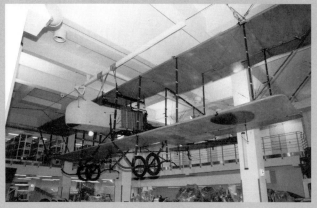

A1：ファルマン式（モ式6型）飛行機（1920年頃）（国立科学博物館の御厚意による）

1953年、GHQ（連合国軍最高司令官総司令部）の航空禁止令が解かれ、各大学の航空部の部活も復活した。東北大学の航空部員に早速、名を連ねた松尾穎樹は抜山研究室（熱力学）の屋根裏に、何とこのモ式6型266号機を発見した。ダイムラー100馬力エンジンの銘板は東京砲兵工廠となっている。このエンジンはガス電と室蘭製鋼にOEMとして発注されたが両社共銘板に社名は記載されなかったようである。ガス電製ファルマンなる絵葉書が残されており、この機体がエンジンともガス電製の可能性もある。写真の機体の破損各部の修繕復元は国立科学博物館で行なわれた。モ式6型主要諸元：全幅16.13m、全長9.33m、自重758kg、最大速度110km/h。

A2：89式戦車（1929年）（トヨタ博物館のご厚意およびCourtesy of U.S. Army Ordnance Museum）

国産初の戦車で、エンジンはガス電製ダイムラー100馬力（74kW）航空エンジンの改造型。ガス電はOHC（オーバーヘッドカム、エンジン頂部にカムシャフトがある方式）をサイドカム（エンジン横にカムシャフトを置く方式）に改造した。その理由は不詳であるが、軽量コンパクトという戦車用エンジンとして必須条件は確保していた。後年、このガソリンエンジンをディーゼルエンジンに換装（89式乙型と称した）した点は高く評価されるが、火力、装甲の制約につながる鈍重バルキーなエンジンにしてしまったのは技術思想のミスである（本文1-5-7）。乗員4名、全備重量12.7トン、全長5.7m、全幅2.18m、全高2.56m、25km/h。推定であるが（左）が初期型のガス電ダイムラーエンジン付き、（右）はおそらくフィリピンで捕獲された後期のもの。

A3：ル ローン（Le Rhône）80馬力エンジン（1920年頃）（日野自動車21世紀センター、オートプラザ、国立科学博物館蔵）

ル ローン（フランス）は1910年、この優れた回転式星型エンジンを完成したが、これはスウェーデン、アメリカ、ロシア、ドイツそして日本でライセンス生産された。ガス電は1920年からこのエンジンの生産を開始し、80馬力型と120馬力型を昭和初期まで生産した。写真からもわかるようにシリンダーライナーの肉厚は極めて薄いが、現物は1.5〜1.8mmで、鋳鉄と説明されている。プッシュロッドは吸排気共通の1本、独特のコンロッドさらに銅製の吸気管中央部に、こぶを設け、シリンダーとの膨張差を吸収する。設計者の鋭さと共にそれに対応した生産技術に感動する。ル ローン80馬力エンジン：公称出力80馬力（58.9kW）/1200rpm、離陸出力87馬力（64kW）/1320rpm、圧縮比4.95、ル ローン120馬力エンジン：公称出力120馬力（88.3kW）/1200rpm、離陸出力128馬力（94.1kW）/1263rpm、圧縮比5.05。

A4：乙式1型偵察機「サルムソン2A2型」（1923年頃）（秋本実氏提供）

珍しい水冷星型のサルムソンAZ9、230馬力（169kW）エンジンは、川崎重工と共にガス電も生産した。ル ローンのような回転式星型は、冷却性能は良いが、ジャイロ効果とかオイル消費とかの欠点も多く、次第に固定式に代わってきたが、サルムソンは冷却性能に対する不安を水冷にして除いた。前面面積の大きい星型にさらにラジエーターの抵抗が増すが、この頃の飛行機の速度ではその欠点は信頼性でカバーされたのだろう。本機の国産は1920年に開始されているが、ガス電におけるエンジンの製造もその頃から開始されたものと推測される。エンジン諸元：水冷星型9シリンダー、ボア（シリンダー直径）×ストローク（行程）＝125mm×170mm、公称出力230馬力（169kW）/1300rpm、離陸出力265馬力（195kW）/1550rpm。カントン・ユネ方式と呼ばれる独特の星型の上死点位置平均分割式クランク機構を有している[1-5-3]

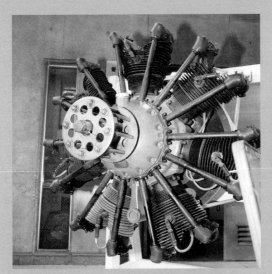

A5：日本初の国産航空エンジン「神風（しんぷう）」（1928年）（東京都立産業技術高等専門学校蔵、写真は神風III型）

トラック製造を目的として出発した会社が何故航空機に手を出し、我が国初の航空エンジンを作るに至ったのか？ それは来るべき戦時のシャドウファクトリー（軍需転換工場）としての技術蓄積が国家のために必要、という技師長星子勇の信念によるものだった（本文1-5-1, 2）。国産初の「神風」はミクシングファンおよびギブソン－ヘロン式のシリンダーヘッドの世界先端技術を取り入れていた。2009年、このエンジンは日本航空協会の「重要航空遺産」の認定を受けた。諸元：7シリンダー、ボア×ストローク＝115mm×135mm、8.7リッター、離陸出力185馬力（136kW）/2300rpm（神風II型は160馬力/2050rpm）。

A6：日本初のヘリコプター「読売Y-1号」に搭載された「神風」（1952年）（東京都立産業技術高等専門学校蔵）

この機体は残念ながら、パテント問題、振動問題などで難渋し、実用化には至らなかった。ローター直径10m、最大速度156km/h。

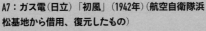

A7：ガス電（日立）「初風」（1942年）（航空自衛隊浜松基地から借用、復元したもの）

陸軍の4式基本練習機（海軍の2式初歩練習機も同じ）のエンジンはドイツのヒルトHM504型をライセンス生産したものと言われていたが、実態はガス電設計の全くの別物であった（本文1-5-5）。吸排気弁の大きな挟み角を有するギブソン－ヘロン式の「神風」エンジンの方式を適用したことが良くわかる。

諸元：4シリンダー、ボア×ストローク＝105mm×125mm、4.3リッター、離陸出力110～125馬力（81～92kW）/2500rpm。

A8：陸軍4式基本練習機（1944年）（秋本実氏提供）

ドイツのビュッカース ユングマン軽飛行機をライセンス生産し、海軍は2式初歩練習機「紅葉」、陸軍は4式基本練習機として使用した。戦争末期の搭乗員急速養成の緊急要請に応じ、陸海軍合わせて1,300機以上が生産された。エンジンはガス電の「初風」が搭載された。全幅7.35m、全長6.62m、自重409kg、最大速度180km/h。尚、陸軍機を生産した日本国際航空工業は戦後日国工業（後日産車体）となり、日野T11型トレーラーバスの車体も生産した。

A9：航研機（1/5模型、日野自動車21世紀センター、オートプラザ蔵）

ガス電が何故「航研機」の生産設計、製作を請け負ったのか？ それはシャドウファクトリー（軍需転換工場）として必須となる先端技術の研鑽という星子勇の使命感であった（本文1-5-3）。

全幅27.93m、全長15.06m、自重4225kg、最大速度245km/h、1938年5月13日、本機は 木更津・銚子・大田・平塚の四角コースを29周回し、11,651kmの周回航続距離世界記録を樹立した。世界記録樹立時の燃料、潤滑油搭載重量は4578kg、乗員を含めた全備重量9000kgの51％を占めた。

A10：陸軍99式高等練習機（98式直接協力機）（1938年）（ローヤルタイ空軍博物館）

ガス電（日立航空機）「天風21型（ハ13甲）」エンジンが搭載され、立川飛行機で両機合わせて、合計2,700機以上が生産された。全幅11.8m、全長8m、全備重量1720kg、最大速度349km/h。

A11：2式高等練習機（1942年）（インドネシア軍事博物館）

「天風21型（ハ13甲）」エンジンを搭載。ベースは97式戦闘機で、満州飛行機で3,700機以上生産された。

A12：実在したことが確認されたガス電「ハ134型スリーブバルブエンジン」（MIT解析報告書、By courtesy of Dr.D.D.Hebb）

1938年、ガス電は陸軍の近藤廉之助を招聘、スリーブバルブエンジンの開発を開始していたが、1943年4月、2500馬力エンジン（ハ51型）の緊急開発命令で中断した。図は2009年、「ハ134型」エンジンのMITによる調査報告書と共に、入手出来た写真である。計算書にあった2段ターボ過給およびターボコンパウンドのコンセプトは採用されておらず、初期型の一つと推定される（本文1-5-6）。縦型12シリンダー、ボア×ストローク＝130mm×140mm、22.4リッター、1000馬力(735kW)/2400rpm（MIT推定）。

日野ヂーゼル

D1：平和産業転換第1号のT10型トラクタートレーラー（1946年）
敗戦の衝撃からちょうど1年後、この大型トレーラートラックが日野工場から出てきた。日野産業と書かれた車体に人々は進駐軍ではなく、国産と認識し驚いた。トラクターヘッド（牽引車）は1式半装軌装甲兵車の前半を利用、従って軍用仕様の空冷DB52型ディーゼルエンジン（100式統制型）、独立懸架（前軸が左右独立）そして左ハンドルであった。トレーラーの支持輪は戦車の転輪を流用した。背景の建物は木造の本館、手前の草地に防空壕の痕跡がある。

D2：T11型トラクタートレーラー
ほとんど兵員輸送車のままだったフロント周りが自動車らしくなった。空冷であるので冷却空気はボンネットの左から入り右に抜けるのでフロントグリルに穴は無い。空冷にした理由は、陸軍が不毛地や厳寒の作戦を考慮して空冷と決めたものである。本館の屋根に戦争中増設した空襲監視塔がそのまま残っている。ここで敵機の動静を監視し、従業員に避難命令を出したのである。

D3：空冷エンジンを水冷エンジンに換装したT12型トレーラートラック（1947年）
そもそも空冷だったのは、上述のように陸軍が水の補給が必要無いことから決めたもので、騒音、耐久性の面からは水冷の方が有利で、早々に水冷に換装したのは正解であった。写真は炭俵を満載しているが、当時、家庭の炊事暖房に薪炭は（戦争中は自動車も木炭自動車であったので）必需品であった。背景の家屋は薪炭問屋だろうか？

D4：フロント周りがリファインされた最終型T13型（1949年）
エンジンはDA55型となり、T型トレーラートラックとして有終の美を飾った。写真の車は日野工場の社用車として1960年頃まで稼働した。

D5：銀座4丁目を圧して走るT11B型トレーラーバス（1947年）

交通整理も進駐軍の管理下で行なわれた。左端の白ヘルメットはアメリカ軍のMP（憲兵）、この指示に従って日本のおまわりさんも指示する。左のビルは銀座和光ビルであるが、進駐軍に接収され進駐軍専用の、今で言うスーパーでP.X.と言った。日本人は確か入れなかった。バスの車体は初風エンジン搭載の4式基本練習機（口絵A8）を生産した日本国際航空工業の後裔、日国工業も製作した。

D6：陸続と日野工場から出荷されるT12B型トレーラーバス（1948年）

工場はまだ戦時中の、防空用の黒い塗装のまま、入口には焼夷弾対策の防火用水が置かれている。

D7：TH10型トラック（1950年～）

競合各社が戦時中の統制型エンジンにこだわっている中、真っさらの新エンジンDS10型を搭載、当時5～6トンの積載量が普通の時代、7.5トン積みのトラックは市場を圧した。写真は最終モデルのTH17型（1961年）で1968年まで生産された。ホイールベース、4800mm、総重量12315kg。
エンジン諸元：ボア×ストローク＝105mm×135mm、7リッター、110馬力（81kW）/2200rpm。このエンジンは傑作となり、ターボ付きを含む種々のバリエーションを生み1979年まで生産された。

D8：BH10型バス（1950年～）

爆撃に遭い、3階以上が失われた東京駅は2階となり、それなりに復旧しているが、何ともひどい凸凹の広場は至る所、水たまりである。BH型バスは低床式バス専用のフレームを採用し、路線向け3方シートと観光向け2人掛け前向きシート（ロマンスシートと称した）を製造した。DS型エンジン採用に伴う好性能が評価され、特に北海道からは一気に40台もの受注を得た。最終モデルBH15型は1964年まで生産された。

D9：横浜駅のBH10型バス（1950年～）

横浜駅前も東京駅に負けず劣らず水たまりだらけである。雨上がりを狙って写したのかと疑う。
BH型バス（ホイールベース5000mm）に対し、ショートホイールベース（4500mm）のBA型バスも製造した。BH10型バスの乗車定員は路線63名、観光55名に対し、BA10型は路線60名、観光50名であった。

D10：1950年代の日野工場の生産ライン

左が警察予備隊（現在の自衛隊）向けZC型（本文2-2）、右がBH型バスである。TH型トラックとバスは同じラインであった。

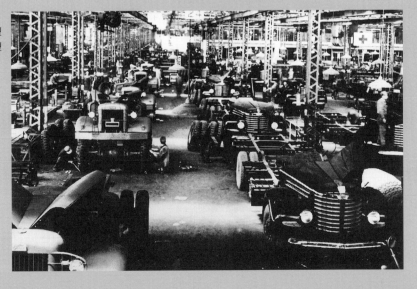

D11：日本初の前2軸、キャブオーバートラックTC51型（1960年）
前2軸車は、車両総重量20トン、軸重10トンという日本独特の規制（世界的に見れば奇異な）に対するベストソリューションで、積載量は10トンとなった。最初のTC10型は1958年に開発されたが、たちまち他社が追随した。総重量25トンと法規が変わった以後はこの形式は減少した。日本初のターボ付きも1959年に発売した。IHI製であった。DS30型7.7リッター、DS50型8リッター（ボア×ストローク＝110mm×140mm）にターボを装着したが、いずれも出力は200馬力（147kW）/2400rpmである。

D12：アンダーフロアーエンジンバス　BD10型"ブルーリボン"（1952年～）
DS20型（DS10型を横にした）エンジンを車両中央の床下に搭載し、客室の有効床面積を増したレイアウトをものにし、市場を驚かせた。写真は代々木の絵画館前であるが、側面に書かれた"BLUE RIBBON"のペットネームは社員の懸賞募集で優勝した本田英美の案であった。ブルーリボンとは北大西洋を最も早く横断した定期客船に与えられる賞で、第1級という意味もある。賞金は同期の連中が一晩で飲み干したという武勇伝が残されている。

D13：東京駅八重洲口におけるブルーリボンの発表会（1952年）
これが八重洲口である。会場裏手の三角屋根は高架線建設工事現場事務所らしい。路面電車のレールが見える。

D14：DS20型を収めた国鉄レールバス（1957年）
（左）：全景、（右）：エンジン部のクローズアップ。エンジンが水平に搭載されているのが良くわかる。

D15：水平対向12シリンダーエンジンを積み、開通したばかりの首都高速千鳥ヶ淵を行くRA900型高速バス（1969年）
名古屋神戸間の高速道路の部分開通を受け、国鉄（現JR）からの高速バスの開発要請に応じ、1963年DS60型エンジンを2基水平につなぎ合わせた水平対向12シリンダーエンジンを搭載したRA100型バスを開発した。エアーサスペンションとし、エンジンは後方床下に配置した。1969年、東名高速道路の開通に合わせ、エンジンのボアを5mmアップの115mmとしたDS140型エンジンを開発、これを搭載したのがこのRA900型で、共に大いに活躍した。RA900型ではパワーアップに対処してラジエーターを前面に配置し電動ファンを備えた。ホイールベース6250mm、乗車定員50名。

D16：日野高速バス用水平対向12シリンダーエンジン
（左）：DS120型（1963年）（日野自動車21世紀センター、オートプラザ蔵）
ファンはエンジンに直結で、電磁クラッチ付きである。ボア×ストローク＝110mm×140mm、16リッター、320馬力（235kW）/2400rpm。
（右）：DS140型（1969年）（鉄道博物館の御厚意による）
ボア×ストローク＝115mm×140mm、17.5リッター、350馬力（257kW）/2400rpm。大きな吸気管が左側と共に右側にも突き出ている。DS120型の大きなファンはフロントラジエーターになったので無い。

D17：ZC10型警察保安隊（自衛隊）向けトラック（1952年）
朝鮮戦争で、日本駐留アメリカ軍が朝鮮に総動員されてしまい、GHQの命令で警察予備隊（後に自衛隊）が発足し、その専用車の先頭をきって急遽開発された。アメリカ軍用と同じオープンキャブ（キャンバス屋根）も用意された。ディーゼルエンジンに不慣れなアメリカ軍の要請があったのだろう、ガソリンエンジン（GF10型、図2-2-6）付きも生産した。

D18：HB10型セミトレーラー用トラクター（1952年〜）
トレーラーを引っ張る部分をトラクターという。警察予備隊の注文により、アメリカ軍の4.5トン4×4トラクターをコピーして開発した。写真は1955年のHB12型。オープン（ソフトハットという）のハイキャブで、初めて乗ると2階から運転するように感じた。

D19：ZG10型12トン重ダンプトラック（1954年）
1952年、政府は水力発電所の開発をスタートさせ、その第一弾として佐久間ダムの建設に着手、国産ダンプトラックの開発を各社に要請した。それに応えて日野はZC型ダンプ車を手直しして応じたが使い物にならなかった。新たに本格的ダンプ車としてZG型を開発し、現場に持ち込んだが、一次、二次さらに三次試作車も落第、そして4度目の正直、万を持して持ち込んだ試作車は日本初のパワーステアリングなどにより、アメリカ製ユークリッドをはるかに凌ぐ使い勝手であると、絶賛をもって迎えられ、発売から3ヵ月で38台を納入した。1958年ブラッセルの万博で銀賞も獲得した。

第1章
東京瓦斯電気工業(ガス電)時代

1-1　ランプ屋から自動車製造業へ
　　　（1910年～1917年）

**風が吹いて
桶屋を創業したかのような自動車製造**

　明治の初め、文明開化に日本は沸いた。その表徴の一つがガス灯で、1873年（明治5年）横浜に初めて灯ったが、2年後には85本のガス灯が銀座に敷設された。また、ガスを供給するガス会社は雨後の筍のように生まれ、1912年にはその数は70社におよんだ。東京市においては、そのガス事業は東京瓦斯会社が独占的な地位を占めていたが、これに抗して安田善次郎、福沢桃介などの意で千代田瓦斯会社が1910年に設立され、これに付随するような形でガス灯に関連するガス器具製造の専門会社として、同年、東京瓦斯工業株式会社が設立された。これが後の日野自動車になるのである。東京瓦斯工業の社長には福沢桃介らと共に会社設立に関わった明治政府の官僚であった徳久恒範が就いたが、不幸にして就任後間もなく逝去。明治政府の元勲松方正義の五男、松方五郎がその後を継いだ。会社の主製品はマントル（Mantle or Mantel）と呼ばれるガス灯の火炎の外周に設置される発光体であった。これは布製の網に発光物質を含浸させた焼き物であるが、東京瓦斯工業製は取締役山瀬俊賢の発明になる絹を主体にした独特のもので、その高性能によってその後アメリカ、さらに第一次大戦時には製造が途絶えたヨーロッパ製に替わってヨーロッパ各国はもちろんオーストラリア、香港などにまで輸出され、後年の自動車製造への資金の一翼を担うことになる。

　東京瓦斯工業は本社を有楽町3丁目1番地（今の有楽町マリオンのあたりか）に、販売部を新橋停車

図1-1-1：新橋停車場前（現在の汐留あたりか）に建てられた東京瓦斯工業販売部（上）と業平（なりひら）に建設した工場（右上）、工場内のマントル製造現場（右下）

（上）：ショーウインドにはガス器具が並んでいた。この販売部も含めて本社機構は12人だった。有楽町の本社にはそのうちの何人が居たのだろう？
（右上）：現在の業平橋のたもとであった（東京スカイツリーの付近）。工場といっても、普通の民家と同じ瓦屋根である。正門の前に数台の人力車が待機している。川面の船は材料、製品の運搬用で今日のトラック群に相当する。
（右下）：布（絹）製の網を作り、これを発光液に浸して焼くとマントルが出来る。作業場入口に下駄箱があり、従業員は畳に座布団を敷いて作業をした。彼女らの稼ぎが今日の日野自動車製造につながったのである。

場の脇、芝口1丁目(今の汐留あたりか)に建て、さらに工場を現在の墨田区業平に建てた。従業員は工場が70人、本社並びに販売部を合わせて12人であった(図1-1-1)。一方千代田瓦斯会社自体は先発の東京瓦斯会社との苛烈な競争の結果、当時の東京市の提案に応じ、結局合併することとなり、東京瓦斯会社に吸収されてしまった。東京瓦斯工業は取り残された形とはなったが、マントルの他、計器、エナメルの3部門で生き残っていた。

さて、銀座のガス灯に遅れること7年の1882年、アメリカではエジソンがエジソンランプ会社を設立し、ニューヨークに街灯を点灯させた。その僅か4年後の1886年、日本では東京電灯が営業を開始していた。当初、電灯はバッテリーを必用とし非常に高価で、かつその明るさもガス灯におよばなかったが、1908年にタングステン・フィラメントが発明され、また、東京地区で言えば山梨県の駒橋発電所が完成して東京に送電を開始、これを機に電気事業は急速な展開を見せ始めた。この趨勢に対し会社は電気器具も手がけることとなり1913年、社名を東京瓦斯電気工業(通称ガス電)とし事業展開を始めた。しかし後発の憂き目で、当然ながら苦戦を強いられることになる。

そこに降って沸いたのが第一次大戦で、ガス電は奇跡的な好景気に恵まれるのである。その理由は、こつこつと研究開発の結果得られていた高品質のマントルの輸出の急増と、付帯事業として励んでいたガス計量器の技術であった。すなわち開戦後間もなく大阪砲兵工廠経由で砲弾の信管の大量発注がロシアから舞い込んだのである。信管とは砲弾に取り付けられる部品で、発射されるまでは絶対に爆発させてはならず、発射時の加速度で安全装置が外され飛翔中に火道を起爆薬につなげ、当たったら今度は爆発させなければならない装置で、言わば精密機械である(図1-1-2)。ガス計量器で培った精密加工技術が認められたのである。ロシアに引き続き日本の陸海軍からも、さらに信管以外に小火器なども受注し会社の経営は一挙に潤沢となった。

第一次大戦に初めて登場した戦車と、急速に発達した飛行機と自動車の活躍は当然軍部の注目する

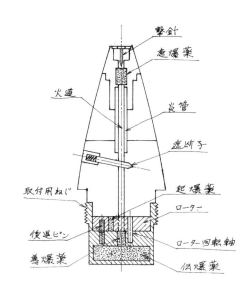

図1-1-2：砲弾の信管
信管は発射直前に砲弾に取り付けられる。発射時の加速度で信管内の後退ピンが外れ、弾の旋回による遠心力でローターが回転し、火道が起爆薬と伝爆薬とつながり、砲弾が対象物に当たると撃針により起爆し砲弾を爆発させる。
安全性と信頼性とが求められる精密部品である。

所となった。その中で自動車による輸送能力は抜群ではあるが、いざ鎌倉という場合大量の自動車の調達を前提とした。そこで陸軍は、軍用自動車補助法なる制度を実現させようと目論んだのである。自動車を一挙に量産するには平時において常に量産しておかねばならず、そのため生産者、使用者に補助金を与えて稼動させておき、いざ戦争という場合は直ちに軍用車として徴発しようとするものであった。その動きをいち早く察知した松方五郎はこの制度を利用し、自動車産業に打って出ようという決意を固めた。

松方はまず自動車技術に長じ総師となるべき人物を求めた結果、輸入車ディーラーの日本自動車合資会社から星子勇を迎え入れた。星子は第五高等学校工学部(旧制高校に工学部があった！ 後の熊本高等工業、現熊本大学)に学び、農商務実業練習生としてイギリスおよびアメリカに3年の留学を終え帰朝しており、当時自動車技術界の鬼才と言われていた。これと時を同じくして松方は増資により最新鋭の設備を導入した新工場を大森(後いすゞ自動車本社の地)に建設し、1917年、自動車製造部(内燃機関部という記述もある)を設立した。

星子が入社した年、会社は陸軍から制式4トン自

図1-1-3：シュナイダー4トン、トラック
（自重2トン、積載量2トン）（1918年）
シュナイダー（Schneider）社はフランスの総合武器メーカーで日本陸軍は多くの影響を受けている。この車は1909年に輸入し、1911年に大阪砲兵工廠で操作したものである。当時はトラックと言わず自動貨車と言った。
エンジンは4シリンダー、ボア（シリンダー内径）×ストローク（ピストン行程）＝100mm×100mm、3.1リッター、2シリンダーを一体としたフィックスドヘッド型（シリンダーヘッドとシリンダーブロックが一体の形式）のシリンダーブロック（シリンダー構造）を2個有する。

動貨車5台の製造を受注した。自動貨車とはトラックのことで、サンプル輸入したシュナイダー軍用トラックを参考にして大阪砲兵工廠が製作したものであった（図1-1-3）。シュナイダー（シュニーディアの方が原語に近い）とはフランスの兵器会社で、陸軍は火砲の製造技術を導入していた（乗用車のシュナイダーとは別）。星子は即刻この製造の指導に当たったが、さすがに簡単には完成せず、特に鋳鋼製としたクランクケースおよびクラッチハウジングは容易にはまとまらず、熱田兵器廠から官給を受けた。当時はゴム製のエンジンマウントが無く、フレームに直付けのため応力が高く、鋳鋼としたというが、オリジナルは品質が良いので鋳鉄で良かったのではないかと推測される。駆動装置はチェーンドライブ、車輪のリム（輪）とスポークは木製で、タイヤは外周に菱形の固形ゴムをはめ込んだブロックタイヤというのを用いた。

ともかく5台の注文はその年に完納した。ランプ屋が1年も経たないで5台の自動車を製作し陸軍に納入出来たことは立派という他ない。ところが驚くべきことに、星子はいささか旧式化しつつあったシュナイダーに飽き足らず自ら新鋭のトラックを設計、その開発を同時に開始していた。

1-2　我が国初の独自設計のTGE A型トラックとその発展（1918年～1934年）

上人塚から発掘されたキャブレター（L型エンジン用）

独自設計といっても徒手空拳（としゅくうけん）のまま直ちに出来るわけは無い。アメリカのリパブリック（1914年～1930年）に範を取り、新しいトラックを設計した。しかし、当然ながらその開発は困難を極め、TGE A型と称した初期設計のものは計画を変更しB型としたと記録されている。保護自動車の資格試験がパス出来なかったための変更であるが、その内容は不詳である。しかし全社一丸となって取り組んだ結果、1918年（大正7年）、軍用自動車補助法資格試験には第1号として合格し、その車両を公にはTGE A型と称した。同年、ガス電はシュナイダー型を20台、TGE A型を20台、陸軍に納入した（図1-2-1）。話は飛ぶが、それから半世紀余の1997年、日野自動車は21世紀センターの開館に伴いTGE A型の復元を策し、アメリカのバンホーン博物館より参考としてリパブリック1916年製トラックを購入した。日野自動車には1922年に生産開始されたTGE A型の後継車TGE G型の設計図が残されていた。TGE A型はリパブリックを参考としたと記録されており、外観は近似してはいるもののフレームをストレートチャンネルにするなどTGE型は独自の設計である

図1-2-1：稼動中のTGE A型トラック（1918年）
エンジンはボア×ストローク＝100mm×140mm、4.4リッター、30馬力（22kW）/1000rpm。後方にシュナイダーが見える。TGEはレールを4本積んでいる（何トンになるだろう）。ヘッドライトは外され、フロントガラスは無くドライバーの兵士はゴーグルを付けている。

```
TGE・A型トラック主要諸元
水冷直列4シリンダ 4.4ℓ 30ps/1000rpm
ボア×ストローク(mm)、100×140
クランク・シャフト：3ベアリング特殊鋼
カム・ギア：青銅製、中間ギアにより水ポンプ及びマグネト駆動
キャブレタ：ストロンバーグ製
点 火 系：ボッシュ製マグネトー、AC又はチャンピオン製プラグ
潤 滑 系：プランジャー型ポンプ及びスプラッシュ式
燃 料 系：落下式
ラジエータ：黄銅製蜂巣型
クラッチ：牛革ライニング、コーン式
トランス・ミッション：前進4段、後退1段
リア・アクスル：鋳鋼ハウジング、内歯ギアによるハブリダクション
ブ レ ー キ：後車輪内歯ギアケースを外側からバンドで締める方式
ラ イ ト：カーバイトランプ、後電気式
```

表1-2-1：TGE A型トラック主要諸元

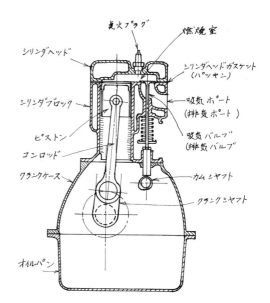

図1-2-2：当時の一般的な自動車用エンジンの断面構造

現在では一般的であるオーバーヘッドバルブ方式の例は、当時は僅少でほとんどが図に示すサイドバルブ方式であった。従ってシリンダーヘッドは扁平で、シリンダーブロックと一体のフィックスドヘッドが多かった。フォードがシリンダーブロックとシリンダーヘッドを分離することにより生産性を向上させ、以降これが普及した。その一方で、シリンダーブロックとクランクケースはそれ以後もしばらくは分離していたが、これはヘッドとは異なり一体化することで生産性が上がり、現在は図のような分離式は無く、クランクケース部も含めてシリンダーブロックと呼ばれる。現在はプッシュロッドも無くなり、カムシャフトをシリンダーヘッドに、それも吸排気の2本を装着するツインカム方式が増えている。乗用車用ではシリンダーブロックの材料も鋳鉄に代わってアルミ合金が普通になってきている。

ことがわかり、復元に際してはフレームを始め多くを新規に製作した(口絵G1、G2)。表1-2-1にTGE A型の主要諸元を示すが、圧縮比4.5、燃料は自然落下式、クランクシャフトは3ベアリング(クランクシャフトを支えるベアリングの数、現在はシリンダー数+1個が普通、つまり4シリンダーなら5ベアリング)、ラジエーターは黄銅製蜂巣型、クラッチはコーンクラッチ(現在クラッチと言えば平板を動力軸に押し付けるのが普通だが当時は円錐型を押し付ける方式が良く使われた)でライニング(押し付け部)は牛皮であった。プロペラシャフトの十字軸はお椀型のスチールで覆われ、滑り部分はグリースを充填しフェルトでシールしていたが、フェルトの硬化で故障が多かったという。後軸の特徴はシュナイダーのチェーン駆動に代わって内歯歯車式のハブリダクション(車軸に取り付けた減速装置、現在では余り無い)を採用していたことであるが、これはリパブリックのアイデアの転用である。リパブリックのエンジンはコンチネンタルであったが、TGEはシュナイダーに似た2シリンダー一体のシリンダーブロック方式で、シュナイダーよりストロークを増加している。

TGE車は1918年のA型から1931年のQ型まで逐一発展した。1922年に発売されたG型ではエンジンのフイックスドヘッド(シリンダーとシリンダーヘッドが一体の設計)を排し、近代的な着脱式に変更した(図1-2-2)。着脱式はフォードがN型あたりで最初に採用した(1906年頃)。しかし、普及を阻んだのはガスケットだったのだろうと推測されるがG型の説明では誇らしげに、わざわざ離頭式と断ってある。1916年製リパブリックのコンチネンタルエンジンもフイックスドヘッドであった。

1923年のGP型で手回しのクランクハンドルに代わって電気式スターターを採用したが、オプション(別料金仕様)であったらしい。電気式スターターは1912年のキャデラックが最初に採用したものだが、その普及は意外に遅れたようだ。当時運転手は特殊技能者でエンジンの始動はその技能範囲でもあり一般人は不便を感じなかったからだろうか？　ただしGP型のものはイナーシャ式となっているので、スターターで慣性重りを回し、これによって始動させるものと推測される。強力なスターターの作製が困難だったのか？　バッテリーが出来なかったのか？　運転手まかせの問題以外にこのような技術的

図1-2-3：TGE L型エンジン（1928～1934年）

ボア×ストローク＝95mm×130mm、4シリンダー、3.68リッター、44馬力（32.4kW）/2200rpm、32馬力（23.5kW）/1200rpm。鋳鉄ピストン、ピストンリング4本、初めて強制潤滑、サーモスタット装着、ベークライト製カムギアを採用。
シリンダーブロックはアルミ製に見える。キャブレターは横型ダウンドラフト（下降式）ゼニス製（ストロンバーグという記述もあり、両者を用いたのだろう）。
右側面（左図）の黒い坊主がエアークリーナーで、エアークリーナーの採用は日本初のようである。電気式スターターは初めて標準装着とした。
左側面（右図）の中央がマグネトー（磁石発電機式点火装置）、その左がジェネレーター（発電機）、その左のクラゲのような恰好のものはガバナ（回転制限装置）である。このオン・オフは手動で、エンジンの最高回転数を1200rpmか2200rpmにする。例えば照明車（口絵G8）で探照燈用の発電機を回す場合はオンにして、エンジンの最高回転数は1200rpmにする。

な問題も普及の遅れに関係したのかも知れない。GP型はG型と共に非常に多くの応用車型（主として軍用）が作られた。口絵（G5）に示した広軌牽引車、散水車の他鑿井（さくせい）車（井戸堀り車）、工作車などなど多彩であった。

特に広軌道車がこの時代に薪自動車であることは驚きである。薪とか木炭、つまり木ガス（wood gas）エンジンおよびその自動車の発想はかなり古いが、本格的な製造は、第一次大戦時のガソリン入手不如意を経験したフランス陸軍が1919年に成功したアンバー（G. Imbert）の木ガス自動車に注目し、1921～23年頃に製作させたベルリエCBS大砲牽引車のようだ。日本陸軍が直ちにこれに目を付け、1924年にこの車両（車型不詳）を輸入、さらにイギリスよりパーカー（Parker）式木ガス発生装置も購入して研究を開始させた。そして1928年にこの軌道車を製作したのである(1-2-1) (1-2-2)。

1928年、L型が誕生した。小西晴二係長（後常務取締役）を主務とし、軍の束縛無しに自主的な設計で多くの新技術を取り込んだ。まず潤滑系を今までのスプラッシュ式（クランクシャフトに爪を付けオイルパンのオイルを引っかいて飛沫を飛ばして潤滑す

る）を排しギアポンプによる強制潤滑にした。冷却系はサーモスタットによる温度制御を行ない、ボッシュ式始動スターターを装着した（イナーシャ式を脱却か？）。図1-2-3にL型エンジンを示す。シリンダ

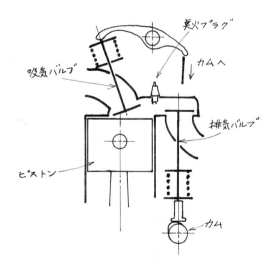

図1-2-4：TGE L型エンジンのシリンダーヘッド部構造推定図

カムシャフトの反対側から混合気を吸入し、リカルド式燃焼室となれば、吸入弁は傾く。図1-2-3のカムシャフト側の写真と照合すれば図に示すF型と呼ばれるシリンダーヘッドという推定に落ち着く（F型と呼ぶのは、その断面形状がアルファベットのFを連想させるからで、ちなみに図1-2-2に示したサイドバルブ方式はL型とも呼ばれる）。

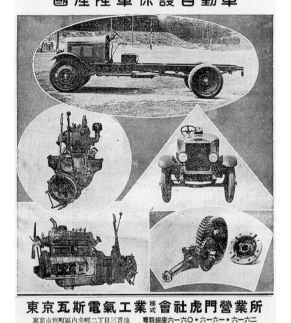

図1-2-5：ガス電L型トラックの広告
おそらく日本初のF型シリンダーヘッドのL型エンジンと、これも日本初であろうヘリングボーンギアのダブルリダクションリヤーアクスルが大きく示されている。クラッチもクラシックなコーンクラッチから近代式の乾式単板になった。

図1-2-7：F型シリンダーヘッドのハリケーンエンジンを搭載したC15型ジープ（ウイリス製、1967年）（日本自動車博物館の御厚意による）
ジープのF型ヘッドエンジン搭載は1953年頃のカイザーが嚆矢であろうが、その後ウイリスも採用した。通常のサイドバルブより性能が向上した。

ーブロックは4シリンダー一体の鋳鉄製、クランクケースとオイルパンは写真からはアルミ製に見える。点火方式はマグネトー（高圧磁石発電機）点火である。当時軍用はマグネトー、民間用は現在と同じバッテリー方式であった。軍用ではバッテリーの保守が嫌われたのであろう。このエンジンの特異な設計はその吸排気系と燃焼室である。ガス電のエンジンの発展経緯は小西晴二の残したメモが唯一のより所

であるが、そのメモによるとゼニス横型キャブレターはカムシャフトの反対側に置き、燃焼室形状はリカルド式とされている。残念ながら設計図は無いので推定するしかないが、この条件を満たす方式は図1-2-4に示すF形ヘッドしかない。1917年代の統計では図1-2-2に示す吸排気バルブを並べて横に置くサイドバルブ式ヘッドが約80％、吸排気バルブを並べてヘッドの上面に置く今日では一般的なOHV形式は10％であった[1-2-3]。F形を何故採用したのかの解明は暗夜に飛礫（つぶて）の航跡を探るようなものであるが、恐らくはF形の採用で成功したリカルドの戦車エンジンも影響しなかったとは言い切れない[1-2-4]。

図1-2-5はL型トラックの広告である。注目すべきはダブルリダクション（複減速式）の後車軸がベベルギア（傘歯車）とヘリングボーンギア（ダブルヘリカル歯車）との複合である点で、こんな堅実優先の設計が当時存在していたという事実、それがTGE車であった事実は驚く他ない。ティムケンのテーパーローラーベアリング（円錐型ころがり軸受）も初めて採用していた。

F型ヘッドと共に、L型はその果敢な先進設計が功を奏し、軍民共に極めて多くの応用車として用いられた。図1-2-6はおそらく我が国初の市販トレーラートラックであるが、トレーラー発想の原点は軍の命令による消防ポンプ牽引車であった（口絵G3）。

図1-2-6：L型トレーラートラック（1930年頃）
おそらく日本初の市販トレーラートラックと思われる。

図1-2-8：日野工場構内の上人塚から発掘されたキャブレター
一見ダイヤフラム型（フロートの代わりに圧力膜を用い姿勢変化に対処する）に見えるが、上部のお椀がフロートチェンバーである。空気は図の右から入って下に抜けるダウンドラフト型で、図1-2-3に照合するとL型エンジンに装着可能である。他のエンジンはアップドラフト型であるので装着は考え難い。

余談であるが、F型ヘッドはサイドバルブからOHVへの移行過程とも言えるだろうが、1953年頃アメリカで、新興のカイザー社はF型ヘッドの「ハリケーン」と称する新型エンジンを搭載してジープ市場に参入、このヘッドにより燃費に優れると宣伝した。その後ウイリス社のジープもこれに追随してF型ヘッドを採用している（図1-2-7）。口絵（G8）で紹介したこのL型エンジン搭載の93式150糎（センチ）探照燈用発電自動車を、終戦後の1945年9月、日本軍の基地ラバウルに進駐した連合軍が、この車だけを持ち去ったと伝えられている。もしかしたら参考にされたかも知れない。

さらにもう一つ興味深い話がある。日野工場の構内に中世紀に作られたと推定されている上人塚があり、神社が祭られているが、2008年に日野市教育委員会が発掘調査を行なった。その時キャブレターが一個、奈良平安時代の素焼きの土器と一緒に発掘されたのである。株式会社ニッキの絶大なご協力で調査されたが、キャブレターのフロート断面が大きく、エンジンの姿勢変化に対し強い設計との見解が示された（軍用車としては重要）。図1-2-8に示すようにゼニス製横型で、ダウンドラフトであり、小西メモとも整合し、ガス電エンジンの中で唯一装着可能なのはL型エンジンであるので、もしかしたらL型エンジン用かも知れない。そんな所にいつ、誰が、何故埋めたのだろうか。

1-3　TGEから「ちよだ」そして「いすゞ」号（1930年～1945年）

TGE貨物車が宮内省御用達に

L型トラックは軍部並びに一般市場から好評を博したが、1930年（昭和5年）には宮内省（当時）のご用達にあずかった。感激した会社はそれを機に商標

図1-3-1：
ガス電生産の最初のバス（1930年）
TGEのマークが描かれているので、「ちよだ」に商標を変更する前であるが、TGE車の宮内省御用達を誇示し皇居（千代田城）の前で撮影したものであろう。このバスはL型エンジンを大型にしたP型を搭載した低床式MA型、32人乗り。1930年からガス電の自動車は、セルフエナージドサーボブレーキと称した独特のブレーキを誇った。これはドラムブレーキシューのヒンジ部の変心穴とピンにより、制動時サーボ圧力がかかるもので、好評であった。鉄道省の省営バス第1期路線の岡崎―多治見間用として14台受注した。

図1-3-2：ちよだST型バストレーラーの発展型
通常の直立型エンジンを水平型にし、床下に納め客室の収容効率を高めた。家本潔の設計で、戦後中央床下エンジンのブルーリボンバスのコンセプトの基となった。

図1-3-3：TGE、N型の悪路試験
（上）：このような軍用の特殊装置の運航テストでも、荷台に大きく「軍用保護自動車運行試験」と大書し、民間に宣伝、購買を誘った。（下）：特殊チェーンとの比較が試みられたのだろう。

図1-3-4：鑿井（さくせい）車という井戸掘り専用の軍用車（N型またはJ型）

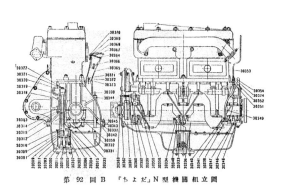

図1-3-5：ちよだN、S型エンジン[1-3-1]
ちよだN型エンジン（左）：ボア×ストローク＝100mm×130mm、4シリンダー、4リッター。
ちよだS型エンジン（右）：ボア×ストローク＝115mm×130mm、6シリンダー、8.1リッター、圧縮比5。ブダ（BUDA）エンジンのコピーとも言われる。通常のサイドバルブである。

ガス電の主要生産車概要

商品名		生産年	エンジン	積載量
TGE	B トラック	1919~21	L4(100×140)	2t
TGE	E トラック	1921~22	L4(100×140)	
TGE	G トラック	1922	L4(95×140)	1.5t
TGE	GP トラック	1923		1.5t
TGE	L トラック	1928~34	L4(95×130)	2t
TGE	M トラック	1930	L4(100×130)	
ちよだ	MP バス		L6(88.9×127)	20人乗
TGE(ちよだ)	MA バス		L4(100×140)	
TGE	N 6輪車	1929~32	L4(100×140)	2t
TGE(ちよだ)	O トラック	1931~35	L4(85×110)	1t
TGE	P トラック	1930~32	L6(88.9×127)	2t
ちよだ	Q 6輪車	1930~36	P型L6(88.9×127)	
ちよだ	QSW 6輪車			
ちよだ	S 省営バス	1931~37	L6(115×130)	40人乗
ちよだ	ST省営トレラ	1936~37		トレラ3t
TX	35、40 トラック	1937~	L6(90×115)	
BX	35、40 バス	1937~	L6(90×115)	
ちよだ	JM 6輪車		L6(90×115)	

注）小西晴二氏の記録による。S42年。

表1-3-1：TGE車発展型の概要（小西晴二メモ）
TGE、B型とあるのは、社内呼称であって、社外公表のA型である。

図1-3-6：ちよだ（TGE）P型エンジン（1930年、日野自動車21世紀センター、オートプラザ、国立科学博物館蔵）
本邦初の6シリンダーエンジンでこれを搭載したTGE P型2トン車が1931年、宮内庁御用達となり、感動した会社は以後商標をTGEから「ちよだ」に変更した。
ボア×ストローク＝88.9mm×127mm、4.7リッター、37馬力（27kW）。ファンベルトは牛皮の平ベルト、ピストンはアルミである。

図1-3-7：ちよだQ型6輪トラック
後2軸はシングルタイヤを履いているが、ダブルタイヤの設計図もある。

も変えた。その感動ぶりを当時の記録、文体はいささか古いが、そのまま偲んでみよう。「本期中、優良国産品として宮内省より当社製TGE貨物車お買い上げの恩を蒙り直ちに上納せるは、当社の頗る光栄とする処にして、恩命を永遠に記念せんが為、今回TGEの商標を"ちよだ"と改称せり」とある。皇居（千代田城）を背景とし、宮内省のマークを誇らしげに描いたトラックの写真が残されている。以後ガス電の製品は「ちよだ」となった。

図1-3-1は同年に同じく皇居を背景に撮られたバスであるが、ガス電が生産した最初のバスである。鉄道省の省営バスとして企画され、鉄道省の菅健次郎のもとで、ガス電の安藤喜三と石川島造船所の堀田斎とが協力して計画した。エンジンの大型化が要請され、本邦初の6シリンダーのP型を開発搭載した、さらなる大型化が指向され、アメリカのブダ（BUDA）をモデルとした6シリンダー、8.1リッター100馬力（74kW）に換装し、ちよだS型となった。（口絵G16）S型のバストレーラーを図1-3-2に示す（セミトレーラーとしたものをST型と称した）（口絵G17）。

表1-3-1にTGE、A型以降発展したガス電の主要生産車の概要を示す。

図1-3-3はTGE、N型の悪路試験風景。同図（上）は後輪に特殊なチェーンを装備し、前輪タイヤ、後輪クローラ（キャタピラ）のいわゆるハーフトラックの機能を代用させようとした試みで、ある程度はその機能を発揮出来たという。同図（下）は近年の悪路走行のデモと同じ構図である。

N型ではL型で採用したヘリングボーンギアのダブルリダクションのリヤーアクスル駆動は再び、ウオームギア駆動となった。コストが原因だったであろうことは容易に想像される。

図1-3-4は井戸掘り専用の軍用車。

図1-3-5はちよだN型およびS型エンジンを示す。

図1-3-8：ちよだQSW型装甲自動車（1932年）
P型エンジンを搭載したQ型6輪トラックを装甲したもの。約100台生産され、満州事変で稼働した。機関銃が2丁、無造作に突き出しており試作車と思われる。他の写真では旋回銃架が前面および砲塔に2ヵ所設けられている。鉄道と一般路を走行出来る牽引車ともなった（口絵G12）。

図1-3-9：TGE軌道車（1927年）
この軌道車用エンジンはブダと説明されているが詳細は不明である。軌道車は1932年頃まで作ったらしい。

図1-3-10：協同国産自動車株式会社前に勢揃いした「いすゞ」号と幹部、中央のトラックの前が松方五郎社長
看板にある「ちよだ」「スミダ」はガス電および石川島の固有の車。同社はこれらと共に「いすゞ」の3種類の車を売った。

図1-3-11：商工省標準型トラック、バス用X型エンジン
（1932年、日野自動車21世紀センター、オートプラザ、国立科学博物館蔵）
商工省の主導で標準型トラック、バスが、ガス電、石川島自動車、ダットさらに鉄道省とで共同開発されたが、そのエンジンである。省の指導で、ペットネームが「いすゞ」号と決まった。販売会社として設立された協同国産自動車のラベルも貼られている。
ボア×ストローク=90mm×115mm、4.4リッター、45馬力（33kW）/1500rpm。

図1-3-6は現存するP型エンジンである。F型ヘッドは消えている。

図1-3-7はN型のエンジンをP型エンジンにした「ちよだ」Q型6輪車である。

図1-3-8はQ型を装甲自動車としたもの。

当時の変わり種として、鉄道の軌道車も作った（図1-3-9）。

さて、後述するが（本文1-6）、1930年に商工省の指導で国産の標準車を作ろうという動きがあり、これに沿ってガス電、石川島自動車（現いすゞ自動車の原点）、ダットさらに鉄道省も含めた協同開発の結果、1932年「商工省標準型式車」TX型トラック、少し遅れてBX型バスが完成した。この車のペットネームが「いすゞ」号と決まり、ガス電、石川島およびダットでそれぞれ生産販売することになった。

1937年、ガス電自動車部および石川島、ダットの3社が合併した東京自動車工業となるのであるが、当初ガス電が合併を渋ったため、経過措置的に販売だけでも一緒にやろうということで、協同国産自動車が設立された。図1-3-10は協同国産自動車会社の前に整列した幹部とBX型バスおよびTX型トラックである。

図1-3-11に、同トラックおよびバス用のX型エンジンを示す。

1-4 軍用車とディーゼルエンジン（1917年～1945年）

国産第1号戦車のエンジンを担当

■1-4-1　自動車以外の軍用車両

軍用トラックについては既述したので、本節ではそれ以外の軍用車両について記す。

そもそも軍用自動車補助法なるもののきっかけとなった第一次大戦は、1916年（大正5年）9月、ソム会戦で、イギリス軍が世界で初めて戦車を登場させドイツ軍を恐怖のどん底に落とし込み、そして、1918年8月、改良型の戦車群の一斉攻撃でドイツ軍は敗退、大戦は終わるのである。

戦車は必須兵器であることが証明された訳と思われるが、何故か日本陸軍は、正規の兵備として戦車の必要を認めるまでには、なかなか至らなかった。そのうち、国家財政を節約するため、師団の数を減らし、それを補うために質を高めようということになり、その一環として、ようやく戦車を持とうとなったという。1925年に至ってやっと戦車第一連隊が久留米に創設され、同時に国産戦車の設計も陸軍技術本部で着手された。先進思想の持主も居られただろうに、太平洋戦争で役立たずだった日本の戦車はそもそもの出生時から不肖の息子であった[1-4-1]。

この国産第1号の戦車が1929年に制式となった89式中戦車で、ガス電はそのエンジンを担当した。設計のサンプルとなったイギリスのヴィッカース・マークC型戦車のエンジンはサンビーム航空エンジンであったが、89式はガス電が国産化したダイムラー航空エンジンのOHC（オーバーヘッドカム）をサイドカムのOHV（オーバーヘッドバルブ）に変更したものであった。何故OHVにしたのか理由は不詳であるが、戦車用として必須の軽量コンパクトの特性はキープされた。その後89式戦車のエンジンは三菱重工が開発した日本初の高速ディーゼルエンジンに換装された（池貝鉄工も高速ディーゼルとしては同時期に開発しており共に日本初と言える）。

1929年（昭和4年）、イギリスで開発されたカーデンロイド軽戦車を購入調査した陸軍は、戦車としての価値は無いが、弾薬補給などの用途に便利であるとして、ガス電にその開発を命じた。これに応じてガス電は1933年、コイルばねを用いた独特の関連リンク式サスペンションにラバータイヤの転輪を用いた試作車を完成した。これは翌1934年に94式軽装甲車として制式化された。1937年に始まった日中戦争においては重火器に遭遇する機会も少なく、軟弱な道路にも軽量が幸いし軽快な利便性が大いに評価され、豆タンクと呼ばれ1935年以降年間200～300輌も生産された。日本陸軍の機械化は、この車から始まったと言われる（図1-4-1）。翌1935年、ガ

図1-4-1：94式軽装甲車（手前）とHS型6輪乗用車を視察される秩父宮殿下（1934年）
殿下の右が松方五郎社長と思われる。乗用車と較べ軽装甲車が小さく豆タンクと呼ばれる意味が納得できる。
94式軽装甲車、エンジン：空冷4シリンダー、ガソリン、35馬力（25.7kW）/2500rpm、最大速度40km/h。

図1-4-2：95式13トン牽引車「ホフ」（1930年）（高橋昇『軍用自動車入門』より転載、光人社の御厚意による）

当初はガソリンエンジンであったが、ディーゼル化に際しガス電はEK型160馬力（118kW）エンジンを開発した。これは後述するように、ガス電が開発生産した高速ディーゼルエンジンの第1号である。この換装型を95式乙型と称した。最大速度12km/h（13t牽引時）、6km/h（29t牽引時）。30センチ榴弾砲の牽引用に開発されたが、写真は加農砲を牽引中のものである。

図1-4-3：試製重牽引車「チケ」（左側面）

新式の96式15センチ加農砲、96式24センチ榴弾砲など重量の大きな大砲牽引用として開発され、その重量は約16トンであった（牽引車の重量は大略被牽引車量の重量と同じ）。
特筆すべきは日野重工で完成した100式統制型のSWA-12型（DC20型）、ボア×ストローク＝120mm×160mm、V12シリンダー（水冷）ディーゼルエンジン240馬力（176.5kW）/1800rpmを搭載したことである。また96式火砲の操作電源用発電機を備えた。
尚、このV12型ディーゼルエンジンは日立製作所でも小型輸送艇用として多数生産された。これは200馬力（147kW）/1650rpmであった。

図1-4-4：1式装甲兵車「ホキ」（1941年）

乗員15名、最大速度42km/h、エンジンは100式統制型（DB52型）空冷、6シリンダー、134馬力（98.5kW）/2000rpm。太平洋戦争末期、フィリピンで稼働した。

図1-4-5：1式半装軌装甲兵車「ホハ」または「ラK半」（1941年、『Wheel & Track』誌より）（左）と、終戦後トラックに変装した「ラK半」（佐藤嵩氏提供）（右）

（左）：乗員15名、最大速度50km/h、エンジンは100式統制型（DB52型）134馬力。一般道路での高速走行と路外性能も期待され、機械化兵団との共同作戦に、また大砲の牽引にも使われた。
（右）：前半は装甲板に覆われたまま、後部の装甲板に囲まれた兵員座席は取り外されてトラックの荷台になっている。ナンバーが採られているので一般路もこの姿で闊歩したのだろう。フェンダーに乗っている人物から、この車の全高が敵襲に備えて低く抑えられ、こじんまりとした形態であったことがわかる。これが、さらに大型トレーラートラックT10型に変身するのである（口絵D1）。後方の建物は現在の正門守衛所の位置にあった千代田自動車（現 日野の協力会社、ソーシンとなっている）の建屋。

表1-4-1：日野重工製軍用車両およびエンジン抜粋
注：「いすゞディーゼル50年史」ではDA50型はボア×ストローク＝120×160、130馬力となっている。

	名称	エンジン名称	エンジン型式	シリンダー数・ボア×ストローク(mm)	排気量(ℓ)	圧縮比	出力／回転速度(馬力)(rpm)	トルク／回転速度(m-kg)(rpm)	備考
牽引車	95式13tホフ	EK	A・D	6・140×190	17.5	15.5	160/1,500	88/1,160	
	96式6tロケ	DA50	W・D	6・120×155	10.5	18.0	120/1,700	50/1,300	
	16t	DC20	W・D	12・120×150	21.7	16.5	200/1,800	100/1,100	統制型
戦車	94式軽装甲 ニコ	GA	A・G	4・87×110	2.62	4.9	35/2,500		
	97式軽装甲 テケ	DB40	A・D	4・115×150	6.2	15.4	60/2,300		
	軽戦車 ケニ	DB52	A・D	6・120×160	10.85	16.5	125/2,000	51.8/1,200	統制型
	中戦車 チハ	DB10	A・D	12・120×160	21.7	16.5	180/2,000	75/1,200	統制型
	軽戦車 ケホ		A・D・S	6・120×160	10.85	16.5	150/2,000	62/1,200	統制型
	水陸両用戦車	GP20		4・110×120	4.8	5.2	71/2,400	30/1,000	
応用車	力作車 リキ		A・G	6・102×127	6.22	5.0	89/2,400	31/1,600	
	サク豪車 サコ		A・G	12・102×127	12.45	5.0	180/2,400		
	伐開機	DA30	A・D	12・120×160	21.7	16.5	180/1,800	87/1,200	
	伐開機	DA20	A・D	6・135×170	14.6	16.5	150/1,800	70/1,200	統制型
	軽作業車	DA		6・115×150	9.3	16.5	110/2,000		
輸送車兵員	1式装甲兵車 ホキ		A・D	6・120×160			134/2,000		統制型
	1式半装軌装甲兵車ホハ		A・D	6・120×160			134/2,000		統制型

【注．エンジン型式の読方】A：空冷；W：水冷；G：ガソリンエンジン；D：ディーゼルエンジン；S：スーパーチャージャー付

ス電は95式走行軌道車を開発した。これは陸路でも鉄路でも、しかも狭軌でも広軌でも、クローラ(キャタピラ)を付けたまま自在に走れる軽装甲車兼牽引車で、世界的にも特異かつ先進的な車両であった。50輌以上生産され大いに活用された(口絵G28)。

これら一連の成功により戦車並びに類似車両の製作依頼が増加し、装軌車両(クローラ付き車両)専門の日野製造所が建設され、これが後年、日野自動車となるのである。

94式軽装甲車は発展し、エンジンも強化され97式軽装甲車となり太平洋戦争にまで使われた(口絵G25)。ただし、当初戦車としての価値は無いとした技術陣の見解通り、緒戦では限定的な役目は果したものの、戦車としては役立たずであった。

日本の大砲牽引車はガス電が最初に作った92式8トン牽引車「ニク」(口絵G23)であったが、その後94式4トン牽引車「シケ」、95式13トン牽引車「ホフ」、98式6トン牽引車「ロケ」(口絵G24)、試製牽引車「チケ」と製造を重ねた。この中で、24センチ榴弾砲(りゅうだんほう)用牽引車95式「ホフ」は、後述するように、日野の自動車用高速ディーゼルエンジンの原点となるEK型(戦後のEKとは別)を搭載したガス電(日野自動車)にとって極めて重要な車である。図1-4-2に95式「ホフ」を、その改良設計と言われる試製重牽引車「チケ」を図1-4-3に示す(口絵G30)。これはさらに大きな重量の15センチ加農砲など強力な火砲牽引用として、「ホフ」のボンネット型を排してミッドシップエンジン(中央搭載型)とし、視界不良を改善したものであった。

口絵G24に示した98式牽引車「ロケ」は傑作となり太平洋の旧戦場地区を含む多方面で戦後まで活躍し、ガス電の特殊車両として有終の美を飾った。ガス電ないし日野重工製軍用特殊車両の主なものを表1-4-1に示す。ガス電が東京自動車になり、1947年に日野重工として独立後も極めて多種の車両が開発された。その種類は各種戦車14種類、牽引車(主として大砲の)9種類、伐開機(戦車に斧を付けたジャングル走破機)などの特殊車両26種類、自走砲2種類、合計60種類におよんだ。

日野重工として特徴のある製品は兵員輸送装甲車である。図1-4-4は1式装甲兵車、図1-4-5は半装軌装甲兵車で、共に太平洋戦争で稼働したが、特に後者は戦後残された在庫が、トレーラートラックに変身し工場再起の原点となった。

■1-4-2 ディーゼルエンジン

ガス電がディーゼルエンジンの研究を始めたのはドイツから輸入した250馬力エンジンによるもので、その開始は星子勇が入社した1917年(大正6年)からと記録されている。星子は自動車の製作、開発と共に航空エンジンばかりでなく、ディーゼルエンジンにも手を出していたのである。このエンジンはその後三菱がコピーして研究を行なったとのことで、三菱側の記録によれば、これはフンボルト・ドイツ、4シリンダーで、ボア×ストローク＝375mm×500mm、250馬力(184kW) /187rpmの発電用とされているが、ガス電が研究したエンジンであるかどうかの確証には至っていない[1-4-2]。

高速ディーゼルエンジンとして本格的に研究を開始したのは、1930年頃と言われ、最初の試作エン

ジンはボア×ストローク＝100mm×150mmであったが、煙、振動および騒音に苦労した。特に燃焼は1400rpm以上で急速に悪化、ラノバ、ドルマンなどいろいろな方式を試みた。その結果リカルドの渦流室によって2000rpmに到達、1933年100馬力ディーゼルとして完成、これをピアスアロートラックに搭載、成熟させていた。この間、先の250馬力発電用エンジンの基礎研究の結果は大いに役立ったと言われる。

実用化の最初は、既述の95式13トン牽引車のディーゼル化で、1938年(昭和13年)5月にEK型として制式化された。ボア×ストローク＝140mm×190mm、17.5リッター、160馬力(118kW)/1500rpmであった。これに力を得て、A型、DB型、DC型と立て続けに各種車両用を開発した。

池貝自動車の高速ディーゼルエンジンの研究はガス電と近似の1930年と言われ、1931年、同社は渦流室式60馬力(44kW)/2000rpmを完成、救難艇用として実用化していた。自動車用としてはガバナー付き燃料噴射ポンプが必須であるが、同社は独自に開発、やはりピアスアロートラックに搭載しテストを重ね、1935年自社製トラックFT15型として完成していた。先陣を競っていたかに見えるが池貝が一歩先んじていたようだ。

1937年、既述のようにガス電は合併して東京自動車工業となり、ディーゼルエンジンの開発も当然一体となって推進、さらに多くのエンジン並びに車両を開発した。

さて、ディーゼルエンジンは1897年に発明されていたが、乗用車用として初めて量産化されたのは、発明から39年経った1936年のベンツ260D型用であった[1-4-2]。自動車用としての必須の発進、加速、過渡応答に耐えるガバナー付きで小型の無気(圧縮空気を使わない)燃料噴射ポンプは、ロバートボッシュが1922年より研究を開始して開発に成功、慎重かつ大規模な実用試験を経て、1928年には1,000台も量産されていた。折からの世界的なディーゼル化の趨勢に応じ多くのメーカーがこれを購入し、一部のトラックは実用化した。

日本では、たまたま1927年、陸軍がイギリスより購入したヴィッカース戦車が受領試験中火災事故を起こし、これを重視した陸軍が戦闘車両用エンジンは火災の危険の無いディーゼルエンジンにすると決めた。これにより、高速ディーゼルエンジンの製造はガス電の他、石川島、池貝、三菱、新潟鉄工、川崎航空機などが一斉に開始し、それぞれの会社ごとに燃焼方式、諸元も決めていた。この状況に対し陸軍を中心として戦時の部品補給の便を考慮し、エンジンのボア、ストローク、燃焼方式を統一しようという試みが行なわれた。この結果生まれたのがいわゆる統制型と呼ばれるエンジンで、各社各様の燃焼方式は予燃焼室式に、ボア、ストロークも4種類に統一された。戦車、牽引車用エンジンのボア、ストロークはそれぞれ120mm、160mmになった。統制型エンジンはまず牽引車用として大森工場で完成、戦車用も引き続いて同年に完成した。さらにV8型のDB60型は1941年日野工場で試作機が完成した。これらは100式として制式化され傑作エンジンとなり、特に6シリンダーは戦後のトラック用として大いに活用された。しかし、装甲と火力のための重量とスペースを少しでも欲しい戦車用エンジンとしては、軽量コンパクトという点で議論の残るところである[1-4-3]。

2001年、ガス電EC型というエンジンが偶然発見された。航空機用プラクティスを盛り込んだ軽量コンパクト高出力空冷アルミエンジンで、第二次大戦の最高傑作戦車と言われた旧ソ連のT34型用エンジンと全く軌を一にするコンセプトを有し、1937年に製作されていた。制式化を逸した理由は統制型として決められたボア、ストロークが渦流式の最適値を外れたからと推定される(口絵G27)(本文1-5)。

尚、1944年春、30トン戦車(4式中戦車)用AL型エンジンが完成、車両に搭載、実用試験まで済ませていた。4式中戦車はやっと対戦車戦を想定した戦車でボア×ストローク＝145mm×190mm、37.7リッターで、410馬力(302kW)/2000rpmを出したが、時既に遅しであった。

■1-4-3　3機種あった幻の星型エンジン
戦車用DR30型、空冷星型エンジン

軽量コンパクトという戦車用エンジンとしての必須

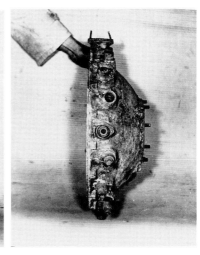

図1-4-6：発掘されたDR30型の可能性があるクランクケースカバー
コンチネンタルと同じ星型9シリンダーで、空冷星型DR30型用ではないかと思われる。

条件は、1942年（昭和17年）、フィリピン戦線などで97式中型戦車でも歯が立たなかったアメリカの軽戦車スチュアートの空冷星型コンチネンタルエンジンを見て、やっと気づいたらしい。同年、日野に対して空冷星型軽量ディーゼルエンジンの緊急開発命令が下された。当時、日野は資材欠乏による代用材の選択、調査、それによる新設計などで、一刻を争う多忙の最中であったが、急遽、秀島正を長とするチームを編成、統制型を星型にする設計を開始した。星型独特の動弁機構のチェックを主体に単筒エンジンを試作、戸田貞夫主務で実験を推進した。成績はまあまあだったとのことで実機組み立て中に終戦となった。

1992年頃、この開発チームの一員であった伊東玲一が故秀島宅を訪れ、終戦直後埋没したこのエンジン部品ではないかと思われる写真数葉を渡した（以上は笹倉三郎口述）。その中に明らかにコンチネンタルの部品もあったため、全てコンチネンタルの部品と断定してしまったが、埋蔵したのはDR30型の部品の他、中島飛行機からの委託部品などもあったとのことで、もしかしたら図1-4-6はDR30型のクランクケースカバーであるかも知れないと思われるものである。

諸元などの詳細は、予燃焼室式というだけで他は一切不明である。

水冷星型7シリンダー上陸舟艇用エンジン(1-5-3)

1953年（昭和28年）頃、水冷星型7シリンダーエンジンの写真版の外観図を偶然発見した。担当した武藤恭二により、それが上陸舟艇用80馬力（59kW）であり、1942年頃陸軍の要求により製作したものであることがわかった。兵4人で分解運搬出来ることという条件により、逆転機（スクリューを逆転させ後退させるギア）も含めた質量は200kgであった。このためアルミニウムを多用し星型を水平とし駆動軸は水平方向にした。

残念なことに図面はその後処分されてしまい、エ

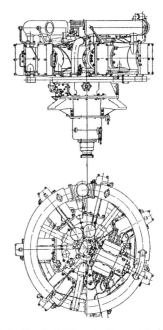

図1-4-7：特殊目的用水冷星型7シリンダーエンジン(1-4-4)
ボア×ストローク＝175mm×205mm、34.5リッター。円環は吸気管と思われる。燃料噴射ポンプは直列4シリンダー用を2つ合わせ、カムを星型用にしている。星を水平に置いた形状と思う。プッシュロッドが下側に僅かに見え、1シリンダーに2本入るスペースが不足のように見えるが、詳細は不明。

エンジンの詳細も不明のままになってしまった。

特殊目的用7シリンダー および複列14シリンダーエンジン[1-4-4]

特攻艇用では無いかと想像するが証拠は無い。ボア×ストローク＝175mm×205mm、7シリンダー34.5リッターおよび14シリンダー69リッターの共に大型エンジンである。図1-4-7に7シリンダーの外観図を示す。

自然吸気で仮に14PS/ℓ、とすれば、7シリンダー型で480馬力（353kW）、14シリンダー型で970馬力（713kW）となる。

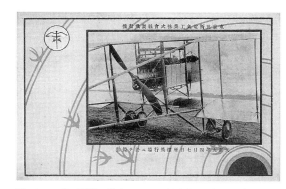

図1-5-1：ガス電製、ダイムラー100馬力（74kW）エンジン搭載のモ式（モーリスファルマン）6型機（ガス電絵はがきより、左上は蝙蝠にG、Eを持たせたガス電のマーク、1920年の撮影）（鈴木一義氏提供）

機体、エンジン共、ガス電製、写真の右方向が飛行機の先端である（口絵A1）。操縦士は機体先端に搭乗するが、その直後にエンジンとプロペラがある。

1-5 航空エンジンと航空機（1917年～1945年）

ライセンス生産から初の国産航空エンジン「神風」開発へ

■1-5-1 ライセンス生産エンジンと搭載機

驚くべきことに1917年（大正6年）星子が入社して、ガス電はトラックの生産と同時に、ダイムラー水冷直列100馬力（74kW）航空エンジンの製造（ライセンス）を開始、翌1918年、陸軍の受領試験にパスし若干台が納入された。さらにガス電は、そのエンジンを搭載したモーリスファルマン機（モ式6型）も製作した（図1-5-1および口絵A1）。ダイムラーエンジンはガス電と日本製鋼所に発注され、共に東京砲兵工廠のOEMとして製作した。図1-5-2は原型の同エンジンでベベルギア駆動のOHC（オーバーヘッドカム）機構と鋼板製シリンダーブロックが良くわかる。図1-5-3はその立会試験の状況である。また我が国初の国産89式戦車（1929年制式）にはこのOHC方式をサイドカム方式に改造して搭載した[1-5-1]（口絵A2）、ガス電は引き続いて1920年、同じく陸軍からの注文に応じ、フランスのルローン星型回転式空冷エンジンを国産化（口絵A3）、その80馬力（58.9kW）型は甲式3型練習機、120馬力（88.2kW）型は甲式3型戦闘機に搭載されたが、ガス電は、その戦闘機も若干機製作した（図1-5-4）。このエンジンはエンジン自体がプロペラと一体で回転する形式で（ロータリーエンジンという）、初期の星型エンジンの言わば世界標準であった。ルロ

図1-5-2：ガス電が国産化したと同型のダイムラーエンジン（taken at Imperial War Museum Duxford）
国産化メルセデス・ダイムラーE6F型エンジン諸元：ボア×ストローク＝120mm×140mm、9.45リッター、圧縮比4.4：1、100馬力（74kw）/1200rpm。

ーンエンジンはまた、吸排気バルブタイミングのオーバーラップを無くし、プッシュロッド（吸排気バルブを開く棒）を吸排気兼用の1本とし、さらにコンロッド大端部を図1-5-5に示すような3シリンダーずつ円弧状の軸受とした独特の構造を有していた(1-5-2)。

　ガス電はその後、サルムソン水冷星型230馬力（169kW）を製造し乙式1型偵察機（口絵A4）に搭載された。サルムソンはル ローンの回転式に対し固定星型であったがこれは一般の星型が空冷であるのに反し水冷式であり、さらにカントン・ウネ方式と呼ばれる独特のクランク機構を用いていた(1-5-3)。またベンツ直列100馬力（74kW）エンジンの生産も手がけ、これは海軍の13式練習機および15式飛行船に、さらに独自に150馬力（110kW）にパワーアップした同エンジンは我が国最後の飛行船となった3式飛行船（図1-5-6）に搭載された。ダイムラーは陸軍が、ベンツは海軍が購入した（ついでながら、後年ダイムラーベンツDB601型は同じエンジンに陸軍と海軍がそれぞれパテント料を支払い、日本は陸軍と海軍も戦争しているのかと揶揄された）。3式飛行船では130馬力エンジンの出力アップが海軍から要請され、ガス電は1928年、そのボアを2mmアップ、キャブレターを変更して150馬力（110kW）を達成した。

　そもそも社長の松方の意はトラックの製造であったのだろうが、星子がこのように積極的に航空機産

図1-5-3：ダイムラー100馬力（74kW）エンジンの陸軍立会試験（1919年）
前列はおそらく逓信省の役人と陸軍砲兵将校（航空兵科は未だ独立していなかった）、後列左から2人目が星子勇と推定される。金網張りの野外テストである。

業に手を出した背景には星子の強い信念があった。それは、日本は将来戦争に巻き込まれるだろうが、その時、自動車産業は必ず航空機産業を手がけなければならなくなる。従って自動車産業は航空機生産の技術を常に磨いておかなければならないというものであった(1-5-4)。星子は手始めに外国のライセンス生産に取り組んだが、上述のように多くの形式を網羅しており、彼の比較研究の野心が伺える。そして自力開発の「神風」エンジンとなるのである。

図1-5-4：ガス電製甲式3型戦闘機
フランスニューポール24型のライセンス生産、ル ローン120馬力（88.2kW）搭載。同じ機体にル ローン80馬力（55.8kW）を搭載したのが甲式3型練習機。
甲式3型戦闘機主要諸元：全備質量630kg、最大速度163〜173km/h。

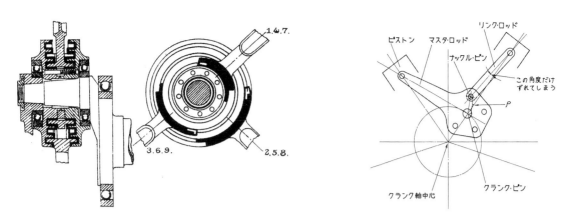

図1-5-5：ル ローンエンジンのコンロッド大端部⁽¹⁻⁵⁻²⁾（左）と通常の星型エンジンのコンロッド⁽¹⁻⁵⁻³⁾（右）
（左）：通常の大端部は（右）図のようにマスターロッドにリンクロッドを持たせるが、ル ローンの場合は大端部を円弧状に仕上げ、互いに干渉しないように円弧の径を変えかつ3シリンダーずつの3種類のロッド形状としてクランクピンを回す。
（右）：クランクピンは図のマスターロッドに抱かれ、それ以外のシリンダーのコンロッドはリンクロッドと呼ばれるロッドでピストンからの力を伝える。

図1-5-6：ガス電製ベンツ改150馬力（110kW）エンジンを搭載した海軍3式飛行船（秋本実氏提供）
日本で、最初で最後となった半硬式飛行船（ツェッペリンに代表される硬式飛行船は日本では出現しなかった）。1929年に進空し、1931年には60時間余の滞空記録を立てた⁽¹⁻⁵⁻⁶⁾。
ガス電はベンツ130馬力エンジン、ボア×ストローク＝116mm×160mm、8.72リッター、130馬力（95.6kW）/1350rpmのボアを118mmに拡大、150馬力（110kW）/1400rpmに出力アップし海軍に納入した。3式飛行船はこれを2基搭載した。

■1-5-2 神風（しんぷう）エンジン

日本における初めての国産航空エンジン「神風」（社内呼称はしんぷう、海軍では「じんぷう」または「かみかぜ」と呼んだ）は1927年（昭和2年）に試作され、翌1928年、当時の逓信省（ていしんしょう）の型式試験に合格、直ちに海軍の3式初歩練習機用として採用された（口絵A5）。空冷星型7シリンダー自然吸気、公称130馬力（95.6kW）であった。このエンジンの最大の特徴はミクシングファンと称する混合気配分用のインペラーを採用したことで、これが混合気配分に絶大な効果を与え、その高性能の基となったことである（図1-5-7）。星型エンジンの混合気配分は特に自然吸気（当時は自然吸気が普通であった）の場合大きな問題で、例えば当時傑作エンジンと言われたブリストル ジュピターエンジンはキャブレターを3個まとめて用い、9シリンダーを3分して各キャブレターに分担させ、3本のスパイラルダクトをまとめた独特の形状のマニフォールドを用いていた。これに対してミクシングファンは、もともとは1921年に作られたアームストロングシドレー ジャガーエンジンが採用したものであった。これは、このエンジンの開発過程において原設計で装着していたスーパーチャージャーを、コストダウンのため取り外し、インペラーのみをクランクシャフトに直付けしたもので、これが混合気配分に予想外の効果を示したものであ

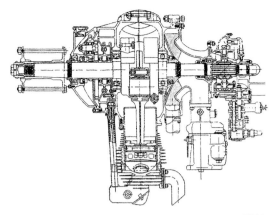

図1-5-7：「神風1型」エンジン断面図（酒井重蔵『新航空発動機教程』有象堂、1942年）
諸元：星型7シリンダー、ボア×ストローク＝115mm×130mm、12.2リッター、公称出力130馬力（95.6kW）。クランクシャフト直結のインペラーがミクシングファンである。スーパーチャージャーの場合と異なり、増速ギヤは無くクランクシャフトに直結である。

った。図1-5-8にその機能を図示した。ミクシングファンがその目的をもって最初から取り付けたエンジンは同社のアームストロングシドレー モングースエンジンで1926年であった。このアイデアを「神風」は1927年の試作エンジンに既に盛り込んでいたのである。通信機能が未発達であったこの時代に、その素早い情報収集と解析に驚く他ない[1-5-5]。ミクシングファンはその後、P&W、ライト、ライカミングお

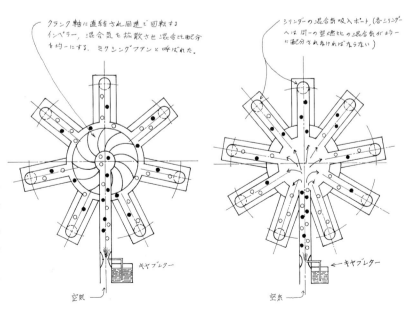

図1-5-8：ミクシングファンの機能
（右）ミクシングファン無し：エンジンの吸入混合気は放射状に均一に配分されねばならないが、キャブレターから噴出される燃料の液滴はその大きさも、液滴近傍の粒子密度もばらばらで各シリンダーには均一に入り難い（黒丸が燃料、白丸が空気を示す）。
（左）ミクシングファン付き：ミクシングファンはクランクシャフトと同速のラジアルファンを回すだけのものであるが、これにより混合気は均一に各シリンダーに配分される。

よびシーメンスなどが採用し、過給機が一般化するまでは世界標準となった。

「神風」のもう一つの重要な特徴はこれも世界標準となったギブソン・ヘロン方式とも言われる吸排気弁に挟み角を設け冷却空気通路を設けたヘッドを、シリンダーに、ねじ込み焼き嵌めする方式を採用したことで、これもミクシングファンと共に世界の先端技術の一つであった。

「神風」は好評をもって推移し1932年に至り、ガス電はこのエンジンを搭載した飛行機の開発を図り、大森工場に機体部を新設した。その長として山下誠一海軍予備役機関中佐を迎え、川口省三を設計、工藤富治を工作の主務者として、同エンジンを搭載したKR-1型、さらにその性能向上型の2型を生産した。2型は1型の翼形状および面積を変更したもので、これは海軍にも連絡輸送機として採用された。

「神風」は1型より順次発展し1937年の5A型は9シリンダー過給エンジンとなり、離陸出力310馬力(228kW)となった。1938年には後述のガス電中型旅客機TR-1型のエンジンとしても使われた(図1-5-14)。「神風」は1928年の1型以来1943年まで、総計1800基生産された。

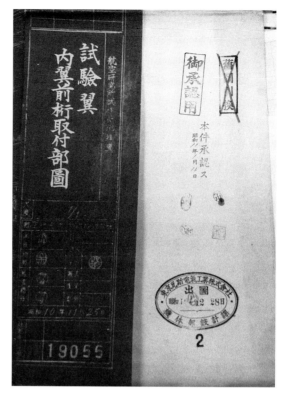

図1-5-9：ガス電での航研機設計図の例(国立科学博物館蔵)
ガス電の設計は承認図の型式で航研に提出、承認を待って製作に入った。この図面の出図は1935年(昭和10年)12月28日、大晦日、正月返上の意気込みを感ずる。

■1-5-3 航研機(東大航空研究所長距離機)とそのエンジン

KR型小型旅客機はそれなりに好評であったが、航空機の技術は特に軍用機において急速に進歩し、このような細々とした航空機工場ではシャドウファクトリーとしての責務が果たせるか危惧を持ち始めた時期に降って湧いたのが航研機であった。それは航続距離の世界記録に挑む目的で東大航空研究所(航研)が最新の技術を結集して設計した飛行機であったが、たった1機の研究機の製作では経済的成果は望めず、その製作を引き受けようという航空機製造会社は無かった。

しかし最新の技術を習得し、シャドウファクトリーとしての技術研鑽にはもってこいのプロジェクトであり、星子はこの生産設計および製作の請負を松方に提案、説得した。企業として大きなリスクであり、当時の文部省の予算では到底間に合わないことは目に見えていたが、松方の決断でこれを請け負うことに決定し、全社一丸となってこのプロジェクトを推進した。航研機の基礎設計のスタートは1932年(昭和7年)であったが設計の原案がまとまったのは、1934年で、ガス電の生産設計開始は同年の12月であった。既述の工藤富治はフランスのドボアチン社でD33型長距離世界記録機も手がけていた。実際の設計段階となると、いろいろと問題が生じ、特に航研側との主翼の構造に関しての確執は暴力沙汰にまで発展したが、何とか航研の案でまとまった。詳細設計は部品ごとの承認図で進められた(図1-5-9)。1935年5月、実機の製作がガス電大森工場で開始された(図1-5-10)。

航研機の発想は、もともと海防義会の寄付金で開始された航空ディーゼルエンジンの研究が基で、このエンジンを積んだ飛行機により世界記録を樹立し、成果を世に問おうというものであった(図1-5-

図1-5-10:大森工場で製作中の航研機(日立鵬友会提供)
胴体に翼の主桁が取り付けられた。人の背と較べその大きさがわかる。

図1-5-11:航研1型、2ストロークサイクル航空ディーゼルエンジン(上)とそのシリンダー(下)(粟野誠一教授提供、国立科学博物館蔵)
諸元:ボア×ストローク=155mm×200mm、45.3リッター、750馬力(551kW)/1500rpm。反転掃気方式であるが、吸排気ポートがそれぞれシリンダーの半周近くを占める独特のものである。

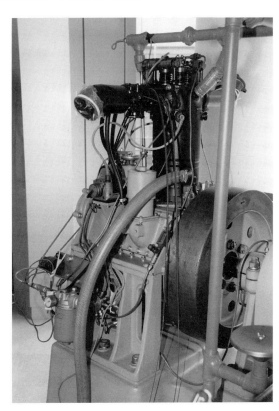

図1-5-12:希薄燃焼の基礎研究に用いられた単筒(1シリンダー)エンジン(日野自動車21世紀センター、オートプラザ蔵、粟野誠一教授の御厚意による)
エンジンの燃焼研究はその要素を取っかえ引き換えテストし、またシリンダー間のばらつきの影響の無い単筒エンジンでテストする。このエンジンは粟野誠一教授により復元され、ガス電の協力に対するお礼として展示されたものである。関係者によると、当時はユンカースの水動力計が付けられていたとのこと。

図1-5-13：航研機用エンジン（左）とオリジナルの川崎BMWエンジン（右）（粟野誠一教授提供および日野自動車21世紀センター、オートプラザ蔵、早稲田大学の御厚意による）

両者を比較することで改造の状況がわかるが、ファルマン減速機を取り付けた前部は外観上大差ない。後部は写真のようにルーツブロワーの上に中島2連キャブレターからの太く長い吸入管が伸び、かなりの改造がなされたことがわかる。

図1-5-14：ガス電TR-1型中型旅客機（秋本実氏提供）

全金属製の胴体、主翼など航研機の技術研鑽の成果が各所に見られる。引込み脚も航研機譲りの手動である。おそらく同じように差動歯車も付けたのだろう（これは航研機の脚が出なくなり、胴体着陸事故を起こした結果、その対策として引き込み時の作動力軽減のため取り付けられた）。このTR-1型は残念ながら輸送途中の船舶事故で失われたが、翼、エンジンナセルなどを改良したTR-2型は1940年台湾に輸出された。羽田から台湾までは自力で飛んでいった。

図1-5-15：零式練習戦闘機（秋本実氏提供）

1944年以降、日立航空機で273機生産した。複座になっているが、後の教官席だけが密閉式で、練習生は雨ざらしになるらしい！翼下面に射撃標的吹き流し収納筒取り付け、尾部に標的曳航索取り付け金具取り付けなどの改造がされた。

図1-5-16：「天風31型」エンジン（1943年）（Courtesy of National Air and Space Museum Smithonian）

諸元：ボア×ストローク＝130mm×150mm、17.9リッター、離陸出力620馬力(456kW)/2400rpm、公称出力500馬力(368kW)/2200rpm。

11)。これに真っ向から反対したのが、同じ航研の富塚清教授で、ディーゼル技術は未だ熟しておらず早期開発は無理と主張した。そして信頼性の実績があり燃費向上の変更がしやすい川崎BMW-9型に希薄燃焼を適用して燃費向上を図ることとし、希薄燃焼の基礎研究から開始した[1-5-7]。この研究は単筒(1シリンダー)エンジンを用い、ガス電からも曽我良彦、船山孝輔が研究生として航研に派遣され、一体となって実施した(図1-5-12)。

その結果、実用出来た空気と燃料の混合比(空燃比)は大略19で当時としては極めて希薄な条件であった(通常実用される理論空燃比は約14.7)。希薄燃焼では燃焼は不安定となり、航空エンジンの場合には排気温度も高くなる[1-5-3]。その対策として航研独自の空気冷却弁を用い、それによる弁傘部の温度低下により効果があったとされている。(筆者はしかし、冷却効果と共に空気冷却弁からの空気噴流がおよそ20m/secほどの速度になり、これによる混合気の乱れが思わぬ効果を上げたのではないだろうかと想像している)。その冷却空気用ルーツブロワーはガス電製(東弥三設計)のものをBMWエンジンの慣性始動装置を取り外して、その後に取り付けた。また高空性能はこの場合必要としないので過給機は取り外し、プロペラ効率を上げるためファルマン減速機を取り付けた。その他動弁系、混合気配分改善のため吸気マニフォールドは大幅な改良が図られた[1-5-8](図1-5-13)。

ところで、当時航空ディーゼルエンジンは言わば一種の流行で、日独伊米英ソ他9ヵ国20社余が挑戦したが、ユンカース以外は日本も含め、ことごとく敗退した。主因は質量と耐久信頼性である[1-2-3]。富塚教授の卓見であった。

航研機の初飛行は1937年5月25日と記録されているが、これは脚を出したままであったようで、同年7月31日、脚は引っ込めたまま出なくなり胴体着陸してしまった。しかし、紆余曲折の改修作業を経、1938年5月13日、木更津飛行場を離陸、3日後に堂々の世界記録を樹立して同飛行場に帰着した[1-5-7]。

この成果は社員のモラルの向上に大きく貢献したが、ガス電が航研機によって経験出来た技術も大きかった。具体的には金属製機体、沈頭鋲、インテグラル燃料タンク、引込脚、希薄燃焼技術であった。航研機が世界記録を樹立した1938年、ガス電はその成果を応用した全金属製中型旅客機TR-1型を製作し、その改良型、TR-2型は台湾への輸出を果した(図1-5-14)。

星子の予想通り太平洋戦争になり、軍部は急遽各自動車会社などに航空機ないし航空エンジンの生産転換を命じたが、周知のように成果が十分とは言えない中、ガス電(日立航空機として独立していた)は後にも述べるように、その責を果した。ガス電－日立航空機の生産実績は航空エンジン約19,500基で、これは中島、三菱の約50,000基に次ぐ数であり、また航空機はゼロ戦、同練習機型などを含め約2,000機を生産した[1-5-9](図1-5-15)。

■1-5-4 天風(てんぷう)エンジン

社内呼称は「てんぷう」であるが海軍では「あまかぜ」と呼んだ。「神風」の逓信省テストの好成績に感動した軍部は新たに300馬力級エンジンの開発を要請、これに応えて直ちに設計に着手、「神風」より一回り大きい星型9シリンダー300馬力エンジンを開発し、1930年(昭和5年)から生産を開始した。順次発展して、その採用機種も多岐を極め、練習機、直協機(口絵A10)、偵察機、哨戒機などにおよび、終戦までに約10,000基の生産を果した。第二次大戦中、枢軸国側として唯一アメリカ本土爆撃を果した零式小型水上機のエンジンは「天風12型」公称300馬力エンジンであった(図1-5-16、17)。最終型の「ハ38型」(「ハ[23]33型」)は1940年に2基の試作で終わっているが、離陸出力640馬力(471kW)となった。しかし、このエンジンに対し極めてユニークかつ意欲的な2段過給の研究が実施されたことが、2001年に発見された過給機の設計図から判明した。図1-5-18に示すもので、1段目がルーツブロワー、キャブレターを挟んで2段目が遠心ブロワーである。当時ロールスロイスは戦闘機用としてターボではダッシュが効かないからとして、機械式の2段過給を推奨しており、1941年にスピットファイヤー戦闘機用のマーリン61型エンジンに採

用した(1-2-4)。ロールスロイスの場合は遠心式2段であったが、「ハ38型」用はルーツとの併用であり、ダッシュ性能を重視するならこの組み合わせの方が適している。640馬力の場合の過給圧（ブースト）は240mmHg（0.13MPa）であり、2段過給の場合は当然高くなる。「誉」エンジンではブーストは500mmHg（0.17MPa）で、56馬力/リッターである。もしこれと同じ水準にすれば約1000馬力となる。残念ながら「ハ38型」における試験結果は一切不明のまま埋もれてしまった。図1-5-19は同じくルーツブロワー装着の「天風」の写真であるがキャブレターはアップドラフト型で、図1-5-18のものより以前から試みられていたらしい。

「天風」が選択したボア130mm、ストローク150mmは当時としては極めて適切であったと思われ、日本の高出力エンジンの代表となった中島の「栄」および「誉」も採用しており、また後述の「ハ200型」さらに「ハ51型」にも適用された。

■1-5-5 初風（はつかぜ）エンジン

1938年（昭和13年）、ドイツのビュッカー ユングマン軽飛行機の性能に着目した海軍はこれを九州飛行機で国産化させ、そのヒルトHM504型エンジンのライセンス生産をガス電に命じ、これに応じて製造したのが「初風」で、1942年、2式初歩練習機「紅葉」用として制式化した。ガス電（日立航空機）、九州飛行機で227機生産された。後、陸軍も4式基本練習機として制式採用し、日本国際航空工業（後の日産車体）で生産したが陸海軍合わせて1,300機以上に達した（口絵A8。尚、同社は戦後日国工業となり日野T11型トレーラーバスの車体を生産した）。1943年、軍は日産自動車に命令し、東京人造絹糸吉原工場を急遽買収させ、ガス電立川工場の生産設備をそのまま移転し、終戦まで同エンジン1,633基の生産を果たした（ガス電は481基生産）。

このエンジンの製造元であるヒルト社は元来レースエンジンから発展した会社で、HM504型の構造も極めて凝った設計であり、歯型結合の組み立て式クランクシャフト、オール転がり軸受、マグネシウム製クランクケースなど、当時の日本の生産技術では到底こなしきれないものであった。しかし、どの文書でもヒルトエンジンの国産化ということになっており、これが戦争末期約2,000基もの量産を果たし順調に稼働出来たことは大きな謎であった。そこで2004年、浜松の航空自衛隊で保存されていた「ハ47型」（初風の陸軍呼称、ハ「11」11型とも称した）エンジンの分解調査を願い出、スズキ株式会社、静岡日野のご協力を得、自衛隊の御厚意で行なうこと

図1-5-17：零式小型水上機は枢軸側として初めてアメリカ本土を爆撃した
極めてゲリラ的ではあったが、1942年9月、イ-25潜水艦を発進、2回にわたりオレゴン州を空襲した。

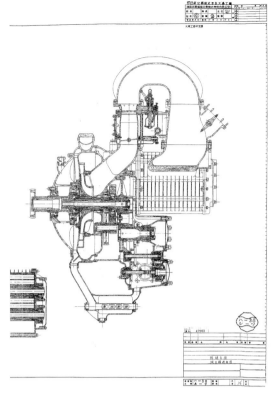

図1-5-18:「天風33型」(ハ38型)エンジンに装着された2段過給(1940年)

設計図は過給機の単体試験用の図面である。実際のエンジンへの装着は左側のハウジング部を取り外し、各シリンダーへの吸気分岐部が一体となった過給機のハウジング部をエンジン本体に取り付ける。中央の軸はクランクシャフトにつながれ増速ギヤを介して遠心ブロワーおよびルーツブロワーを駆動する。ルーツで加圧された空気は冷却フィン付きのダクトを通り圧送式キャブレターから燃料を供給されシリンダーに送られる。ルーツブロワー下のギヤボックスは慣性始動装置および発電機取り付け部である。

が出来た。

　その結果「初風」はライセンス生産の名を借りた、全くガス電独自設計のエンジンで、オリジナルの凝った設計は全て排除され、ガス電の技術をベースに戦争末期の粗悪燃料にも対処し、当時の生産技術で多量生産が可能なエンジンとなっていたことが判明した。この果断な設計変更により、シャドウファクトリーとしての責務を完全に満たしていたのである（図1-5-20）。

■1-5-6 「ハ200型」スリーブバルブエンジン

　第一次大戦時ドイツのUボート（潜水艦）の跳梁

図1-5-19:ルーツブロワー装着の「天風」エンジン
(粟野誠一教授提供)

キャブレターがアップドラフト型であることから「天風33型」以前のものと思われる。2段過給の構想がかなり前からあったのか否かは不明。

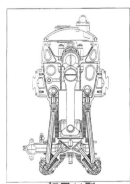

初風11型　　　　　ヒルトHM504型

図1-5-20:「初風11型」と「ヒルトHM504型」との断面比較

「初風」ではヒルトの特徴であった転がり軸受と歯型結合の組み立て式クランクシャフトを廃し、平凡な平軸受と一体の鍛造クランクシャフトに変更し、また、クランクケースのマグネシウムはアルミニウム合金に変更したが、そのための質量増加は図に見られるような巧妙な肉抜きで対処した。軍から貸与されたヒルトエンジンの燃焼室はノッキングによる損傷が見られたことから、その対策として半球型燃焼室に変更、圧縮比も若干下げた。このため動弁系は大幅な変更となったが、これは手の内にあった「神風」の技術である。戦争末期の低品質燃料に対処し、メタノール噴射も併用した。生産が容易な、似て非なるエンジンとして生まれ返らせ、シャドウファクトリーとして存分に国家の急に応え得たのである。

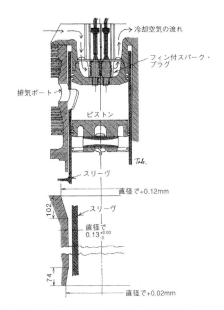

図1-5-21：ブリストル・スリーブバルブエンジンの断面
シリンダーとピストンの間に吸気口と排気口を有するスリーブを入れて、これを上下させ、シリンダー側面に開けた吸気口および排気口にそれぞれが合致した時に、吸気と排気を行なわせる。世界で唯一成功したブリストル（厳密には同じ技術を共有したネピアも含め）の秘密は専用機による精度を向上させた加工技術、プラトーホーニング、キーストンピストンリング、シリンダー上部および下部のテーパー加工さらに徹底的に冷却を追求したヘッド上面の空気流であった（ネピアは水冷）[1-2-4]。

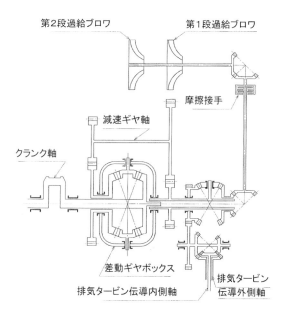

図1-5-22：「ハ200型」エンジンのターボコンパウンドコンセプト[1-2-4]
残念ながら、全体設計図は発見されていないが、コンプレッサーと同じく排気タービンも2段で、その間は差動ギヤでつなぎ、同じようにクランクシャフトにも減速ギヤを介して動力を返還している。新技術である2段過給は、1943年にロールスロイスが、ターボコンパウンドは1952年にライトが実用化し、また層状希薄燃焼は1996年に至って、トヨタと三菱が実現した。

に悩まされたイギリスは次期戦争に備え燃費に優れた長距離哨戒機用エンジンの構想をリカルド（Sir Harry Ricard）に求めた。エンジンの燃費つまり熱効率は圧縮比を上げれば良くなる、しかし圧縮比の増加はノックに阻まれて上げられない。これに対するリカルドの回答は、1、スリーブバルブエンジン、2、ディーゼルエンジン、3、層状吸気希薄燃焼エンジンのいずれかで、特に1のスリーブバルブエンジンを強く推奨した。これに応えて、その開発を買って出たのがブリストル ジュピターエンジンで名を成したブリストル社のフェッデン（Sir Roy Fedden）であった。

エンジンのシリンダーを茶筒に例えれば、普通のエンジンはその蓋のところに吸気と排気のキノコ型の弁を設ける。これに対してスリーブバルブは茶筒の側面に吸気用と排気用の穴を開け、内側に入れ子にしたもう一回り小さい筒（スリーブ）を上下に動かし、穴を開けたり閉じたりして弁の役目をさせるのである。ピストンはさらにそのスリーブの内側に入れる。エンジンのノックは燃焼室中の過熱したエンドガス（点火プラグから離れた場所の混合気）の自己着火が原因で、その過熱は往々にして高温となったキノコ弁の傘部付近より起こる。傘の無いスリーブバルブならその心配は無く、圧縮比は上げられ燃費率も出力も、その増加が期待出来るとされた（図1-5-21）。

イギリスはこの開発を国家プロジェクトに位置付け、ブリストルを中心として10年余の歳月と莫大な費用（ジェットエンジン開発費の2倍）を投じて完成させ、その成果を大々的に宣伝した。事実、第二次大戦勃発直後ドイツのゲーリング空相の豪語をよそに、早々にこのブリストル スリーブバルブエンジン付きのビッカース ウエリントン爆撃機がベルリンの空襲を果たし、斯界の権威もスリーブバルブを挙って絶賛した。しかしイギリスは巧妙にその製造技術のノウハウを秘匿し、それらが一般に認知されたのは戦後になってからであった。世界のほとんど全てのメーカーがスリーブバルブに飛びつき（言わばイギリ

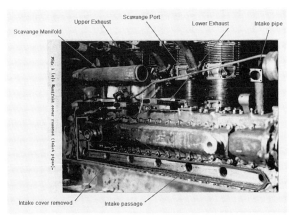

図1-5-23：ハ143型スリーブバルブエンジンの吸排気系部分（左）と吸気側（右）（MIT報告書より、By Courtesy of Dr. D. D. Hebb）
（左）：縦型12シリンダー エンジンの排気側（左側面）上部。
#6シリンダーを外してあるので、エンジン右側の吸気管が見える。下部の穴がスカベンジング吸入口、上部のスカベンジングポートと説明されている口が同排出口と推定される。
アッパーエキゾーストと説明されているのが主排気口、ローワーエキゾーストと説明されているのが副排気口で、ガス電の計算書ではこれで排気タービンを駆動することになっている。
（右）：吸気側。スカベンジングマニホールドがエンジンの両側にある。空気流動のシミュレーションも出来ない時代、がむしゃらのチューニングがしのばれる。

スの遠大な謀略に乗せられて）その全てが痛烈な痛手を負ったのである[1-2-4]。ガス電もこれに飛びつき開発が難渋する間、後述の「ハ51型」高出力エンジンの緊急開発命令で中止されたものである。

1938年（昭和13年）、フェッデンがSAE（アメリカ自動車技術会）で大々的にスリーブバルブの良さを宣伝したその年、「ハ200型」スリーブバルブエンジンは設計に着手した。しかし、その構想は遠大かつ独創的なアイデアに満ちた（言わば研究に志向した）もので、果敢な挑戦は刮目（かつもく）に値する。すなわち4ストロークサイクルでありながら掃気口を設けた層状希薄燃焼、副排気口からの排気タービン駆動、それによる2段過給、タービンよりの動力を一部クランクシャフトに戻すターボコンパウンドコンセプト、混合気によるベアリング冷却等々、それらの実用化は日本も含む各国でほとんど戦後に実った技術であることを見ても、その構想の大きさ、先進性に唸らされる（図1-5-22）。

2009年7月、思いもかけぬ情報がスミソニアン博物館からもたらされた。このスリーブバルブエンジンがアメリカ陸軍からMIT（マサチューセッツ工科大学）のスローン研究所に運び込まれ、ここで詳細な解析がなされ、1947年に出された報告書が、筆者に届いたのである。実物の写真も添付されておりこれはボア、ストロークが130mmおよび140mmの「ハ143型」であると推定出来た。2001年に発見された「ハ200型」の計算書の中に「ハ143型」としての記述も混じっていたものであり、「ハ200型」との関係は残念ながら不詳である。MITのものは、上記のターボコンパウンド2段過給では無く、機械過給式であり初期型であろうと想像されるが、MITの推定では1000馬力/2400rpmとなっている（口絵A12、図1-5-23）。

■**1-5-7 戦車用「EC型」エンジン（本文1-4-2）**

航空エンジンでは無いが、その技術を転用して戦車用に特化し、列強に伍したエンジンである。

戦車は可能な限り強力な火砲と多量の弾薬を搭載し、かつ強靭な装甲を必要とし、当然の帰結としてそのエンジンは軽量コンパクト高出力でなければならず、その条件は航空用と軌を一にする。しかし日本の戦車は最も非力なブリキの戦車と揶揄され役に立たないまま、戦争末期には地面に埋められ、接近してくる敵兵対策の砲と化していた。その原因の主

	EC	V-2 (T-34)	100式
基本コンセプト	航空ディーゼル軽量コンパクト	←	車両用ディーゼル
構造	オールアルミニューム	←	鋳鉄
燃焼システム	渦流室式	直噴式	予燃焼室式
吸気	自然吸気	←	←
冷却	空冷	水冷	空冷
比出力 kW/ℓ(PS/ℓ)	10.2(13.9)	10.9(14.8)	8.1(11.0)

表1-5-1：航空エンジンのプラクティスの旧ソ連のV-2型と、ガス電EC型、100式ディーゼルエンジンの構造対比[1-4-3]

燃費並びに耐久性に優れる直噴式は、より高圧の燃料噴射系、より高度な加工精度を必要とする。その生産技術を伴っていなかった日本で、より高出力を得ようとすれば渦流室以外の選択はなかった。表に見られる通りEC型の比出力はV-2型に迫り、出力は100式エンジンを凌駕していた。ただし渦流室式は、熱負荷の許容値が狭く、ボア、ストロークを統制型並みに大きくすることは無理であった。

とする所は軍部官僚の頑迷固陋(がんめいころう)な精神主義であったことは論を待たないが、最初の89式戦車にダイムラー航空エンジンを載せながらディーゼル化に際し、何故か鈍重バルキーなエンジンにしてしまった技術陣にも責任があろう。この中で「EC型エンジン」は第二次大戦中最強の戦車と称えられるソ連(現ロシア)のT34型戦車のエンジン「V-2型」と全く同じ思想のオールアルミ軽量コンパクト高出力ディーゼルエンジンであった(口絵G27)。表1-5-1には、共に航空エンジンのプラクティスを踏襲した両エンジンと、車両用エンジン並みの100式エンジンの構造を対比して示してある。EC型エンジンは2001年(平成13年)、東京学芸大学の倉庫から発見され、その存在がわかったものである。分解調査の結果、1000時間程度は稼働したものと推定されたが、燃焼室回りは何の損傷も無かった。ボアとストロークはそれぞれ115mmおよび150mmであった。燃焼室溶損のため統制型として不適とされたガス電製渦流室式ディーゼルエンジンは、陸軍が統制型として大きい方がよかろうとして単純に決めたボア、ストローク、120mmおよび160mmに合わせられ、その最適値を逸脱し、焼損してしまったのである。エンジンの熱負荷はボアの3乗に比例し、燃焼室形式とボア、ストロークは密接な関係があり最適値を逃して熱負荷が過大となったのである。この典型的な事例はユンカースの航空エンジンにも見ることが出来る[1-2-4] [1-5-12]。

■1-5-8 「ハ51型」空冷2列星型 2500馬力(1838kW)エンジン

ミッドウェー海戦で大敗北を喫し、ガダルカナルでは兵法に反し小兵力を次々と注ぎ込んで戦力を消耗し、戦局が俄かに厳しくなった1942年(昭和17年)の12月、希望を持って「ハ200型」に挑戦していた日立航空機(ガス電航空機部は日立航空機になっていた)に突然2500馬力級の高出力エンジンの緊急開発命令が下された。一貫して技術の頂点に立っていた星子勇は同年独立した日野重工に去り、開発は陸軍航空技術研究所の小川清二博士の指導のもと、日立航空機および同研究所の共同で行なわれた。エンジンは当時として世界に類の無かった星型2列22シリンダーという形式を採用、プロペラ効率を良くするため遊星歯車式減速ギアを適用した。図1-5-24にその外観を、図1-5-25にその断面図を示す。

2列22シリンダー、つまり1列で11シリンダーを成立させるため、中島の「誉」エンジンに比し吸排気弁の挟み角を約20度狭めて対処した。これによるシリンダーヘッド温度の上昇は認められず、この選択は成功であった。シリンダーヘッド冷却フィンの製作は各社技術の粋を競うところであるが、「ハ51型」は「誉」と同じ低圧鋳造であったのか、あるいは「EC型」で採用した特殊中子による砂型であったのかは不詳である。一方新しく採用した減速ギアは、生産技術の問題で手間取り試作エンジンの完成は1944年となっていた。陸海軍の要求する100時間の耐久

図1-5-24:「ハ51型」エンジン正面および側面
側面写真に見られる不格好な空気取り入れ口と思える出っ張りは正面写真では見られない、暫定的なものか?

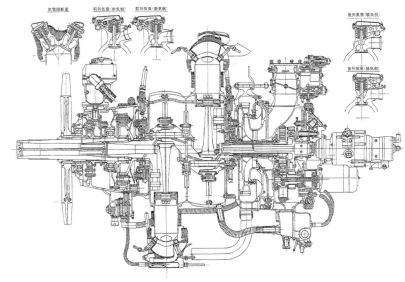

図1-5-25:「ハ51型」エンジン断面図
燃料供給装置は仕様書では中島噴射式となっているが、この図ではキャブレターである。実際の運転がどちらで行なわれたかは不明である。プッシュロッドはエンジンの前後に分けられ、またダイナミックダンパーの装着もわかる。シリンダーヘッドのフィンピッチはこの図面からは約5mmである。

運転はパスしたが、トラブルで中断中、1945年4月、工場は米軍による空爆により壊滅的な被害を被り、実験室も消滅した。工場の八重桜と共にこの二重星は、成すすべもなく散ったのである。

エンジン自体は100時間の耐久はパスしたものの、オイル消費過大、ベアリング損傷など幾つかの品質目標未達の部位を残していた。しかし、戦争末期の劣悪な条件の中で、全力を挙げて開発に取り組み、曲がりなりにも100時間以上の運転に漕ぎつけたユニークな評価すべきエンジンであった[1-5-13]。

■1-5-9 ガス電の航空機産業への参画の意義と成果

既述のように松方五郎の意図は自動車産業への参画であったが、星子がガス電に入社した年に、トラックと共に航空機にも手を出し、両者を共に育て上げた。一旦戦争になった場合、自動車産業はシャドウファクトリーとして絶対に航空機の生産をやり遂げなければならないという天下国家を踏まえた彼の信念は、恐らく遊学時に出くわしたイギリスとアメリカにおけるシャドウファクトリーの活動を目の当たりにした経験に基づくもので、松方も深くこの信念に共鳴したに違いない。

ガス電の航空機が常に戦闘機とか爆撃機などでは無く、それ以外の低出力分野をターゲットに置いたことはシャドウファクトリーとしても、企業戦略としても適切であった。ただ急激な進歩を遂げる航空機技術に対し、ともすれば取り残される危機を、たまたま航研機のプロジェクトに救われ、極めて有効に活用出来たことは僥倖（ぎょうこう）であった。ヒルトのライセンス生産の命令を独自設計の「初風」に化かした手腕は特筆に値するが、それを理解し黙認した小宮山香苗海軍技官の柔軟な頭脳と度胸は、とかく堅いと言われる軍部官僚の中に、このような人物を得たことも、また僥倖であったと言わざるを得ない。

当初の意図がどのような発展を目指していたのかは、詳らかではないが、ガス電の実力が軍部の注目するところとなり、日立航空機というれっきとした航空機会社に発展し、最後には三菱と並んで大出力エンジンを試作するまでになった。そもそものシャドウファクトリーを含めた目標に対し、国家にどれだけの貢献を果たしたかを、表1-5-2に示す。星子の夢の多くがトヨタと日産によって果たされていたことがわかる。

	Mitsubishi	Nakajima	Kawasaki	Gas-Den + Hitachi A・P	Toyota	Nissan
Aero Engine	≒46,500	≒45,528	≒14,000	≒19,500 ※	151 Gas-Den Tempu	1,633 Gas-Den Hatsukaze
Air Plane	≒17,732	≒26,000	≒12,900	≒1,860		

Total Air plane production ≒ 67,000
　　　　　　　　　　(U.S.A ≒ 290,000)
※ Includes 481 Hatsukaze, 758 Zuisei, 240 Kinsei

表1-5-2：第二次大戦における日本の航空エンジンおよび航空機の各社別生産数
日立航空機として本業の航空機産業に発展したが、そもそものシャドウファクトリーとしての貢献はトヨタと日産がガス電のエンジンを生産し、果たしてくれていたことがわかる。

1-6　日立航空機、東京自動車の設立と、発足した日野重工業（1931年～1945年）

日野技術の伝統を築いた星子、矢継ぎ早の軍命に殉ず

1931年（昭和6年）、日本陸軍の関東軍は満州事変を起こし満州国の建設を果たした。1934年に至り、陸軍は国防作戦計画に基づく車両充実を目的として日満合弁の同和自動社工業を設立したが、ガス電もその資金の一部を負担した。さらに1937年には満州重工業が設立され、1年後の1938年には同和の持ち株は満州重工業に移管されてしまった。そして1939年、今度は関東軍の要請により満州自動車工業が設立され、同和自動車工業はこれに吸収されてしまうのである。複雑な過程であるが想像するに、関東軍が、彼等の思うままに動かせる会社にしたかったのであろう。国家侵略と同じ手口に見える。この間、満州重工業から十五銀行のガス電の持ち株12万株強の譲渡交渉が起こった。これは既にTX型軍用トラック（いすゞ号）を生産していた東京自動車工業（ガス電の自動車部と石川島自動車他が合併した会社）の大株主を支配し同社の支配権の獲得、今で言えばM&Aが目的であったと言われる。しかし、ガス電側の抵抗にあい交渉は難渋していた。これに割って入った形で日立製作所が参入（さらに複雑な経緯を経て）、ガス電は日立の傘下に入り、航空機部、兵器部および工作機械部はそれぞれ日立航空機、日立兵器および日立精機となったのである。1939年であった。

その2年前の1937年にガス電の自動車部は上述のように東京自動車工業になっていたが、その経緯について述べる。既述のようにガス電は軍用自動車補助法の適用をいち早く受け、生産を続けていたが生産量は微々たるものであった。1932年に第一次上海事変が起こり中国との関係は次第に険悪の度を増し1937年には支那事変（日中戦争）が勃発する。その間、1934年には日産自動車とゼネラルモーターズとの提携問題が起こり、さらに同年フォードが横浜に自動車工場建設用の土地買収の問題が起きた。陸軍は上述のようにこの時期、耐久性に優れた国産

日野自動車を遡る

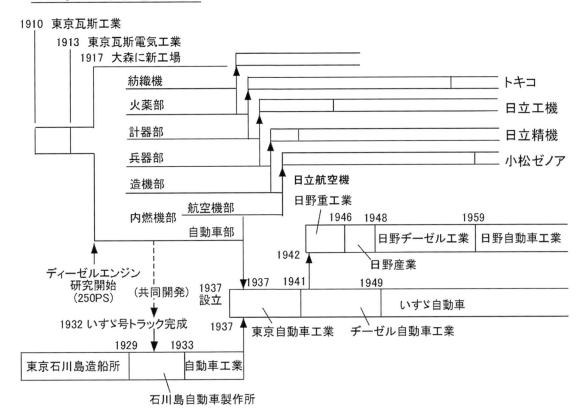

表1-6-1：ガス電を巡る関連会社との関係
軍部の介入で目まぐるしく会社経営が翻弄された状況がわかる。軍の援助で軍用車を手掛けて成立した会社の宿命と言える。

軍用車の大量生産の必要性に迫られていたので、これらの問題は大いに神経をとがらせることとなる。そして1938年、「国防の整備および産業の発展を期する」という陸軍のお声がかりで、「自動車製造事業法」なるものが議会を通過した。これにより、国産自動車の製造会社は国家の手厚い保護を受けられることになるのであるが、大変重要な条件付きであった。それは会社としての生産設備が「年産3,000台規模でなければならない」というもので、ガス電の規模を大きく上回っていた。

これより前、1930年、商工省（現国交省）の指導で国産の標準車を作ろうという動きがあり、既述のようにガス電、石川島自動車、ダットさらに鉄道省（現JR）も含めて共同開発が進められ、1932年、「商工省標準型式車」TX型トラック、少し遅れてBX型バスが完成していた。ガス電からは星子勇、小西晴二以下が参画した。このTX型トラックは各社の共同で出来上がったものなのでペットネームをつけようということで、応募の中から「いすゞ」号と決まり、上記3社で共に生産を始めていた。しかし、その生産量は各社合わせても年間100数十台に留まっていた。この間、既に大会社として出発していたトヨタと日産は即座に上記自動車製造事業法への適合を申請し、早々に認可されてしまった。この様な背景でダットと石川島はいち早く合併した。一方、ガス電は単独で設備を整える気概を見せて合併を渋ったが、その後、紆余曲折を経て結局合意に至り、松方五郎を社長とすることで1937年、東京自動車工業株式会社として誕生した。新会社となってからも石川島のトラック「スミダ」とガス電のトラック「ちよだ」は生産を続け、

図1-6-1：東京自動車工業のカタログ抜粋
東京自動車のカタログには石川島自動車（いすゞの先祖）の「スミダ」、ガス電（日野の先祖）の「ちよだ」、そして共同開発した「いすゞ」の3種類のトラック（エンジン）がそれぞれのマークと共に仲良く並んでいる。
右上の写真は94式軍用トラック「いすゞ号」と思われるが、説明は「ちよだ、スミダ」となっている。

「いすゞ」と合わせて3種類のトラックをしばらく生産していた(1-6-1)（表1-6-1、図1-6-1および巻末付表）。

飛行機の方は、その製造事業拡大に対し既述のように機体部を設けたが、やがて航空機部と自動車部に別れ、航空機部は日立航空機に、自動車部は東京自動車工業となった。1941年、太平洋戦争の勃発の年、陸軍の要請で特殊車両（戦車など）専門の日野製造所が現在の日野市に建設された。星子勇は技師長に任命され、それに伴いガス電従業員の多くが移住し、翌1942年、日野重工業として独立した。これが現在の日野自動車となるのである。1941年には東京自動車はヂーゼル自動車工業と名称を変えていたので、正確にはそこから独立したことになる。一方、日立航空機は大森の他、羽田、立川、千葉など新鋭工場を整備し稼働したが戦争末期、各工場はすべて空爆により壊滅、戦後苦難の時期を経てコマツの傘下に入り現在のコマツゼノア社となった。

ところで、日野重工も空爆されたが、焼失したのは付帯設備が主で、本格的爆撃を受ける前に終戦を迎えた。後年社長になった荒川政司は「天、未だ日野を捨てず」と天命を称えた。

日野重工の設立に伴い松方五郎は退任、陸軍から松井命（陸軍中将）が移って社長になり、大久保正二（事務方）、星子勇（技術方）がバックアップした。折から第二次大戦の戦局は急激に厳しくなり、軍からの矢継ぎ早の要求、しかも資材の逼迫（ひっぱく）に追われ、1917年以来、技術の長として日野技術の伝統を築き上げた星子勇は既に末期的戦局のさなか、1944年、激務がたたり卒然と他界した。寒風すさぶその日、彼の棺は日野重工本社から社員の涙に送られ、ガス電の名と共に飄々（ひょうひょう）と旅立ったのである。

第2章
日野重工、日野産業そして日野ヂーゼル工業

2-1　トラックとバス

戦後初の新型トレーラートラックから始まり、高速バスの開発へ

　傑作と言われたTX、BX型（いすゞ号）を世に送り出し、東京自動車工業時代も次々と多くの軍用車を手掛け、1942年（昭和17年）、日野製造所は日野重工として独立した。しかし、戦局の急転に伴い俄かにひっぱくした資材に対する代用材の手当、軍部からの矢継ぎ早の改良、新車開発命令の中、1944年、聡師と仰ぐ星子勇の他界を迎えるのである。軍命令の中には、玉座を中央に配した装甲車もあり、それも製造中であったと言われる。これは長野県松代の地下に突貫工事で造営中であった、巨大な大本営への遷座用（天皇の疎開）と噂された。

　1945年8月1日、八王子市は大空襲で壊滅した。日野工場も爆撃に遇い、そして、戦争は8月15日突然終わった。9月17日には早くもアメリカ第5空軍に工場は接収され、会社は解散必須として、その整理作業中の従業員は日野小学校、豊田病院などに移って仕事をした。

　工場設備は戦争の賠償対象に指定され、絶望的な状況になったが、役員諸氏の必死の努力で賠償指定は解除され、生産設備は中国にもソ連にも持って行かれずに残った。じきに、GHQ（連合軍総司令部）から旧軍事工場も民需製品の製造が許可になり、会社は1946年日野産業として再発足した。

　接収されていた工場内を、わがもの顔に走り回るアメリカ軍のトレーラートラックを見せつけられた新社長の大久保正二の頭をよぎったのが、「あれを作り麻痺した日本の物流を復活させよう」という夢であった。家本潔は1式半装軌装甲兵車（図1-4-5）の前半部を利用したトレーラートラックを、たちどころに設計し、1946年8月にはそれを完成させていた（口絵D1〜D4）。

　当時の法規では、この新しい車は積載量も車両重量も全長も全て逸脱していた。しかし、大久保は全く意に介さず、「法規なぞ、うちの車に合わせて変えてもらえば良い」とし、運輸大臣に直談判、とりあえずの措置として認可を得て発売に踏み切った。この戦後初の新型トレーラートラック1号車は1947年、舞鶴交通に納入され、日本の物流業界に旋風を吹き込み、一方、引き続き開発したトレーラーバスT11B型も戦争で荒廃しきった都市の通勤の足として大いに活躍した（図2-1-1、口絵D5、D6）。図2-1-2は2面ダンプトレーラートラックであるが、この他色々な特殊用トレーラーも製作された。エンジン

図2-1-1：東京駅前の通勤バス（1948年頃）
日野トレーラーバスの向こう側に、アメリカ軍から放出されたGM2-1/2軍用トラックにキャブオーバー形バス車体を架装したもの、さらにそれに動力系が取り外された古い市バスを牽引するものなども見え、戦後バスの一覧図のような写真である。

図2-1-2：2面ダンプのT13型（1948年）
この車も、戦火で荒廃した国土の再建に活躍した。

は当初100式空冷（陸軍呼称）のDB53型であったが翌年には同じく水冷のDA54型に換装、その後、逐一近代化し、最終は1956年、DA59型、10.9リッター、175馬力（129kW）/2000rpmとなり、傑作トラックエンジンの有終の美を飾った（図2-1-3）。

1950年、日野はトレーラートラック、バスに引き続き、単車(straight truck or rigid truck) 7.5トン積みのTH10型トラック、同時にBH10型バスを発売した（口絵D7、8、9）。エンジンは競合各社が戦争中の統制型にこだわっているなか、全くの新構想のDS10型7リッターエンジンを開発して搭載した（図2-1-4）。TH型トラックはホイールベースの短いTA型などのバリエーションを加え、1960年代まで生産した。

1952年、日野は画期的なアンダーフロアエンジンバスを開発、そのエンジンとしてDS10型エンジンを水平にしたDS20型を開発し（口絵D12、D13）、1955年には排気量を7.7リッターのDS40型とした。1960年にはDS50型8リッターエンジンを横型にしたDS80型を開発、アンダーフロアバスにこだわり、これをバス後端に搭載、いわゆるリアアンダーフロアエンジンバスとした。このレイアウトにより、床下中央部は増設燃料タンク、空調設備のスペースが得ら

図2-1-3：DA55型エンジン（1949年）
100式統制型水冷エンジンDA54型115馬力（85kW）/1700rpmはT11型トレーラートラック、バスに搭載されたが、逐一改良されDA59型175馬力（129kW/2000rpm）に進展した。
DA55型の諸元：ボア×ストローク=120mm×160mm、10.9リッター、115馬力（85kW）/1700rpm。

図2-1-4：DS11型エンジン（DS系、1950〜1961年）
1950年、4〜5トンの積載量が普通であった当時、7.5トン積み、エンジンも戦時中の統制型をベースにしていた他社に対し、新開発のDS10型エンジンを搭載したTH10型トラックを発売し業界を席巻した。DS型エンジンは、クランク軸、シリンダーなど主要部に剛性を配慮した設計が功を奏し、次々と高出力バージョンを加え、1959年には日本初のターボチャージャー付きDS30T型200馬力(147kW)/2400rpmを日本初の前2軸TC型トラックに搭載した（口絵D11）。DS型は1961年のDS70型140馬力(103kW)および同時開発のDS50型160馬力(118kW)まで発展し、後者は1979年まで生産された。ロングセラーの傑作エンジンであった。
DS11型の諸元：ボア×ストローク＝105mm×135mm、7リッター、110馬力(81kW)/2200rpm。

れ、観光バスとして後述のDK20型10.2リッターエンジン搭載の布石となった。

1958年には、画期的な前2軸キャブオーバートラックTC10型トラックを登場させた。軸重10トン、総重量20トンという世界的に見れば奇異とも言える日本独特の法規に照らして見ると、カーゴ車として正に適した車両形体であった（口絵D11）。このエンジンとしてターボチャージャー（IHI製）を日本で初めて搭載した。これはバス用としても展開、さらにそのレイアウトをトラック用にも採用したが、比較的短命に終わった。これは、初期のターボ付きエンジンが全てそうであったように、ターボチャージャー自体の信頼性、耐久性に加えてエンジン本体の熱負荷対策が未熟であったからである（図2-1-5、2-1-6）。これらはDK10型およびそのバス用DK20型、さらにそれらのターボ付きにバトンタッチしてターボチャージャーも含め改良を重ね、信頼性耐久性の向上を果たした（本文3-2）。

1963年に名神高速道路が開通したが、同年、日野はこれに合わせて国鉄向きに高速バスを開発した。エンジンは自動車用として世界に類のない水平対向12シリンダー、320馬力を後部床下に搭載した（口絵D15、16）。

図2-1-5：日本初のターボを装着したDS30T型（1959年）
トラック用としては日本初であるが、同じターボチャージャーはその1年前1958年のバス用DS40T型に採用していた。
諸元：ボア×ストローク＝110mm×135mm、7.7リッター、200馬力(147kW)/2400rpm。

図2-1-6：DS50T型ターボ付きエンジン（1960年）
自然吸気エンジンの諸元変更に合わせて、排気量を変えたが、ターボ付きとしての出力は不変である。
諸元：ボア×ストローク＝110mm×140mm、8リッター、200馬力(147kW)/2400rpm。

2-2 特作(特殊作業課)と特殊車両

特殊車両開発に大きな影響を与えた「特作」

　日野自動車は1952年(昭和27年)から1970年代まで、特に自衛隊向けを含めたダンプトラック、クレーン車などの特殊車を数多く生産したが、その背景に「特作」と呼ばれた大部隊があった。

　「特作」とは特殊作業課と呼ばれ、1950年に突如戦端が切られた朝鮮戦争の落とし子と言って良い。戦争は北朝鮮が当時のソ連および中国の強大な支援を受け、アメリカ軍を中心とした国連軍は一時釜山まで追いつめられるという思わぬ激戦となった。戦争は3年で終わったが、日本は突如その兵站基地となり、日野自動車は急増する破損並びに損耗軍用車の修理オーバーホール工場となったのである。その最盛期には従業員数は約1500人にもなり、当時の総従業員数の半数近くを占めたが、日野開発の特殊車両の技術にも色々な面で関係した。

　特作が取り扱った車種は13トン装軌(クローラ)トラクター(M5か?)、ウイーゼルM29型(図2-2-1)、ダイアモンドT型トラック(図2-2-2、2-2-3)などで、最多のダイアモンドT型は延1,000台以上に達した。

図2-2-2：ダイアモンドT型トラック(1940~1945年)
(佐藤嵩氏提供)
日野が手がけた主力車種で、カーゴ、ダンプ、クレーン車など各種の応用車が含まれた。ほとんどはソフトハットと呼ばれる布張りのキャブであった。傷付いたダイアモンドT型は、同じダイアモンドT型のレッカー車で次々と運び込まれて並べられる。水溜まりだらけの場所は本工場の西側で、当時はまだ大きな空地であった。
エンジン諸元：ハーキュレスRCX、6シリンダー、8.7リッター、106馬力(78kW)/2300rpm。日野ZC車は独自の設計であったが、ダイアモンドT型は開発時の参考となった。

図2-2-1：ウイーゼル車(Studebaker Weasel,1943年)
(佐藤嵩氏提供)
雪上車として生まれたが多目的軍用車として多くのバージョンがある。日野が手がけたのはM29C型で、前と後にフロートを内蔵している。エンジンはフロントの運転席の脇。
エンジン諸元：チャンピオン6シリンダー水冷サイドバルブ、2.8リッター、65馬(31kW)/3600rpm。

　修理は全分解オーバーホールだったが、アメリカの補給部品は僅かで、多くは日野側で調達した。例えばエンジン(ハーキュレスガソリンエンジンが多かった)のクランクケースのボアは、新たなシリンダーライナーを調達、再加工したブロックに嵌め込むなどした。オーバーホールしたエンジンおよび駆動系(トランスミッション、リヤーアクスル)は全数検査した(図2-2-4)。

　戦場の埃にまみれ傷ついたトラックは、次々にこの大オーバーホール工場の喧騒の中に吸い込まれ、やがてピカピカに磨かれて再び戦場に向かうのである。中には3回もオーバーホールを受けた同じ車もあったと言う。図2-2-5は突然日野工場にわがもの顔で入り込んで来たアメリカ軍の超大型トレーラーM26A1型である。戦場からの故障車はこんな車にも乗せられてきた。

　この突然始まった喧騒は3年後、再び忽然と消えるのである。1500人の従業員は配置転換された僅かな正規社員を残し散っていった。

　一方、この戦争で日本駐留の米軍が全て出陣する

図2-2-3：新設の塗装工場から見たダイアモンドT型の群（佐藤嵩氏提供）
塗料は名人が色合わせして、スプレーガンで塗った。

図2-2-4：オーバーホールしたエンジンのテストベンチ（佐藤嵩氏提供）
ずらりと並んだ動力計と、手前に置かれているテスト待ちのウイーゼル車用チャンピオンエンジン。オーバーホールし終わったエンジン、トランスミッション、リヤーアクスルなどは残らず全数チェックした。

図2-2-5：戦場から故障車などを運んできたアメリカ軍Pacific Car & Foundry社製、M26A1型戦車運搬用トレーラー用トラクター

装甲車であったM26型の装甲を外したもの、エンジンは1910年代に航空用として鳴らした珍しいホール スコット社製17.9リッター240馬力（176kW）ガソリンエンジン。主トランスミッションとサブトランスミッションとを備えていた。撮影場所は現在のギア工場あたり。当時はまだ空地であった。

図2-2-6：GF10型ガソリンエンジン（1952年）

DS10型ディーゼルエンジンをベースに、燃料噴射ポンプの駆動軸にディストリビューターを置き、コイルは吸気マニホールドの上に乗せた。キャブレターは日野直轄の国産機器で作った。ガソリンエンジンのサンプルは続々持ち込まれるアメリカ軍の車で事欠かなかったであろう。

諸元：ボア×ストローク＝105mm×135mm（DS10型と同じ）、7リッター、115馬力（85kW）/2000rpm。

図2-2-7：HB型ベースの6×6トラクター トレーラー

これは警察予備隊の地図作製車である。クローズドキャブである。

図2-2-8：警察予備隊用に新規開発したHA型6×6大型トラック（1952年）

新開発のDL10型エンジンを収めたボンネットは巨大で、運転席に座ると左前方の下部は何も見えなかった。

図2-2-9：HA10型トラクター トレーラー（1953年頃）

新開発のDL10型エンジンを搭載した長大なトレーラートラックであった。オープンキャブにかけるソフトハットのキャンバスはロープで固定した。

図2-2-10：ルーツブロワーによる過給実験中のDL10型エンジン(1954年)
DL型エンジンは主として産業用として発達、下記が生産されたがルーツブロワー付きは下記のDL12A1型である。実験は2台のブロワーを並列につないでいるが、これはDL型エンジン用が未完のため小型のものを利用したからで、製品は大型ルーツブロワー1個である。
DL型エンジンシリーズ諸元：ボア×ストローク＝135mm×160mm、13.7リッターは不変。
DL10：200馬力(147kW)/2000rpm。
DL11：同上。
DL12A1：ルーツブロワー付き、235馬力(273kW)/1800rpm。
DL12A2：ターボ付き、出力同上。
DL12A5：同上にスターターエンジン付き(図2-2-11)。

ことになり、今日の自衛隊に発展する警察予備隊が創設され、それに伴い専用の自動車も発注されることになるが、当然米軍の使用車と類似のものとなる。

1952年、まずZC型トラックが生まれた(口絵D17)。ガソリンエンジン付きも要請され、急きょGF10型エンジンも開発された。ディーゼルエンジンに不慣れなアメリカ軍との関係だろう(図2-2-6)。ZC型に次いで、1953年、DS30型エンジンを搭載したセミボンネット ハイキャブのHB10型セミトレーラートラクターを警察予備隊に納入した(口絵D18、図2-2-7)。これはアメリカ軍の4-5トン4×4トラクターのコピーである。ZC型の開発と同時期、大型の6×6トラックおよびトラクタートレーラーHA10型(図2-2-8、2-2-9)並びにそのエンジンDL10型ディーゼルエンジン(図2-2-10)も開発したが、車の発注は他社に決まりDL10型エンジンは以後、多くのバリエーションを整え産業用として機関車、ブルドーザー、発電機などに搭載された(図2-2-11)。これらと同時に日野として初めてのクレーン車、ZD型も製作、これは警察予備隊に納入された(図2-2-12)。このZD10型はアメリカ軍車のコピーであったが、以降、日野のクレーン車の原点となった。クレーン部分もアメリカ系メーカーの技術提携先(神鋼、住友など)であった。

1958年頃までは図2-2-12に見られるようにクレーン作業用の備品をトレーラーに積んで牽引した。以降1960年代の終わり頃まではクレーン専用キャリヤ

図2-2-11：スターターエンジン付きDL12A5型エンジン(1955年頃)
エンジンの向こう側にターボチャージャーが見え、フライホイールハウジングの上に大きな1.4リッターのガソリンエンジン、さらにその背中にガソリンタンクを背負っている。スターターエンジンとは低温始動のため、電気式スターターモーターに代わり、小型ガソリンエンジンを搭載し、まずこのエンジンを始動して、これにより大型エンジンを始動させるという仕組みで、寒冷地でも手動で始動させたいという要求に応えたもの。アメリカのキャタピラー社に例があった。スターターエンジンにはちょうど、三井精機で開発されたオリエントAC型オート三輪車用のエンジンを転用して始動用の諸元に整えた(本文3-4)。
始動用GS10型：ボア×ストローク＝90mm×110mm、直列2シリンダー1.4リッター、21馬力(15kW)/2200rpm(オリエント号用は49馬力(36kW)/3400rpm)。

図2-2-12：ZD10型トラック クレーン（1952年）
最大吊り上げ能力10トン。

図2-2-14：ZR300型クレーン車（1973年）
1970年のZS型から、キャブはトラック用を低床化し、エンジンはその後ろに搭載、居住性、視界性が向上した。クレーンは油圧式になった。
吊り上げ能力30トン、エンジンED100型260馬力（191kW）/2300rpm。

ータイプとなったが、クレーンは機械式で、車の運転台はZD以来の片側に寄せられたものであった。図2-2-13にZK700型クレーン車を示す。1970年代に入ると乗員の居住性、視界さらに生産性からトラックのキャブを低床化し、その後方にエンジンを置く方式となり、クレーンは油圧式となった（図2-2-14）。

1953年から1979年まで、日野は21機種のクレーン車を世に送り、特に1960年代の東京オリンピックを含む建設ブームでは大きな足跡を残した。1979年、排ガス規制対応などでトラック、バスの開発生産が多忙となり、専用クレーン車から撤退した。

これより前の1952年、政府は電源開発株式会社他9社の電力会社を結集させ、水力発電所の開発をスタート、その第一弾が佐久間ダムの建設であった。その建設用のダンプトラックの開発依頼に応じZC型に手を加えて納入したが、全く使い物にならなかった。この報告を聞いた大久保社長は技術員と共に現地におもむき、その実態に接し、ユークリッド社製との格差をいやが上にも認識させられた。言うなれば建設現場用のダンプはトラックでは無く、建設機械でなければいけなかったのである。大久保社長の陣頭指揮で、早速基本からやり直しの設計に入り試作車を作り現場に送り込んだが、これもまた使い物にならず、第2回、第3回と試作車を投入したが現場には受け入れられなかった。そして第4回目ついに、今度は絶賛をもって現場に迎え入れられたのである。既に1954年12月になっていた。まさに4度目の正直であった。曰く、回転半径が小さく日本の実情に適し、日本初のパワーステアリングは操作力をほとんど不要とし、後方視界も良く、後退速度は速く、ダンプ時間も短く、その扱い勝手はユークリッドより数段優れているというものであった。この日本初のパワーステアリングは開発要員であった佐藤嵩の設計である（口絵D19）。

日野自動車は以後これらの特殊車両から撤退した。以降、各種建設機械メーカーにエンジン単体を供給しているが、これらの歴史を踏えてのチューニングは好評裏に迎え入れられている（本文3-3）。

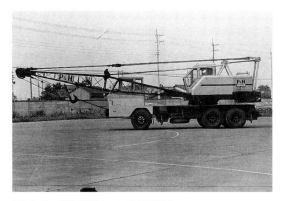

図2-2-13：ZK700型クレーン車（1966年）
エンジン：DS50型、7.8リッター、160馬力（118kW）/2400rpm。
最大吊り上げ能力25トン。
このあと1968年発売のZP100T型では最大吊り上げ能力55トンとなり、日野のクレーン車の最大能力の記録となった。

写真で見る日野自動車の変遷② （乗用車、商用車、建設機械～トヨタとの提携）

自動車

P1：新鋭ルノー工場は1953年に稼働開始、同年3月組立1号車を送り出した

当初のモデルは前面のグリルが6本のひげであったが、その後3本になりさらに日野独自のサーキット状のデザインとなった。写真はルノーからのノックダウン部品で組立中の初期のもので、型式名称も異なっていた。エンジン：GH20型、ボア×ストローク＝54.5mm×80mm、748cc、21馬力（15.4kW）/4000rpm。車両：車両重量560kg、乗員4名、最高速度87km/h。

P2：バンパーに棚を付けたヒノルノー

日本独特の奇異な法規上、全長3630mmでは60km/h以上での走行は認可されなかった。前後のバンパーに棚を付け、わざわざ全長を3845mmにして法規に適合させた。

P3:100％国産化となり、サスペンション、エンジンさらにリヤウインドーなどが改良され、日本独自のサーキット状のフロントのデザインとなった
1957年1月、10,000台の生産を達成した。

P4：FF（フロントエンジン・フロントドライブ）4輪トーションバー独立懸架のヒノコンマース（1960年）
今後の小型乗用車の駆動方式をRRでいくか？ FFにするか？ は悩ましいところであった。その比較のための、FFの市場実験車であった。2,344台生産して終わった。フロントの等速ジョイント技術の確立、冬季登坂性能の対策などが残された課題であったが、その名に恥じず商業地区街の使用では極めて好評で、生産終了後も強い要望に応え輸出用左ハンドルを再び右ハンドルに改造して何台か対応したというエピソードも残されている。エンジン：GP10型、ボア×ストローク＝60mm×74mm、836cc、28馬力（20.6kW）/4600rpm。車両：車両重量1035kg、乗員10名（または2名＋500kg）、最高速度82km/h。コンマース発売の1年後、コンテッサ900の登場となったが、これに合わせてエンジンも900ccとなり、最高速度も90km/hとなっていた。

P5：タイにおけるヒノコンマース
大勢乗れる小型車は雪の降らない東南アジアで好評であった（日本では雪の坂道でスリップして上りにくい、などの課題があった）。

P6：コンテッサ900（写真左）とブリスカ900（写真中央）の役員審査
コンテッサ900、PC10型は1961年発売されたが、1年後のマイナーチェンジでフロントグリルも変わった。その審査風景である。ブリスカの標準車FG10型は750kg積み小型トラックであるが、バン型、ダブルキャブ・ピックアップ型（6人乗り400kg積み）もあった。写真のものはこの後者である。右端の車は参考車のフィアット。場所は当時の日野工場テストコース。すぐ隣は民家（旧社宅）。右端は家本潔工場長、隣が菅波稱事会長、左から3人目は岩崎三郎部長、その隣が松方正信社長（当時）。コンテッサ900（PC100型）の仕様は、エンジン：ボア×ストローク＝60mm×79mm、893cc、35馬力（25.7kW）/5000rpm。車両：車両重量720kg、乗員5名、最高速度110km/h。

P7：第1回日本グランプリで優勝したコンテッサ900（1963年）
鈴鹿で行なわれた第1回日本グランプリでは競技前にドライバーの講習があったほど、すべてが初めての経験であった。コンテッサも量産仕様のままで工場から出荷され、若干の強度アップなどのレース対策部品による改修はレースドライブを請け負った105マイルクラブの手で、また現地でのチューニングは日野からのメンバーも加わって行なわれた。ツーリングカー部門で1、3位を、セダンのまま参画したスポーツカー部門でも何と2位を獲得した。スポーツカー部門ではトップを走り続けたロバート・ダンハム選手がもし転倒しなければ……という現場の声を残してレースを終えた。

P8：コンテッサ900スプリント（1962年）（日野自動車21世紀センター、オートプラザ蔵）
次期乗用車のデザイン委託をジョバンニ・ミケロッティに打診したのは、コンテッサ900を発表した1961年であった。その時コンテッサ900に惚れたミケロッティはこの優美なスポーツバージョンをトリノショーに発表、好評を博した。量産を望む声が多かったが実現しなかった。

P9：コンテッサ1300クーペ（1965年）（イラスト、寿福隆志、同氏並びに三栄書房の御厚意による）
コンテッサ1300のセダンから1年後にクーペを発売した。エンジンも高出力化、コックピット、シートもスポーティ化し、日本初のディスクブレーキも装着した。1966年にはロサンゼルス タイムス グランプリで優勝を飾り、スポーツ性能には定評があった。国際エレガンスコンクールでは、1965年以降クーペは連続3年にわたり、セダンが2年連続で名誉大賞を受け、その流麗なスタイルは同類の他車を圧し、今日、ロンドンの科学博物館にもセダンが展示されている。コンテッサ1300セダン（PD100型）およびクーペ（PD300型）の仕様は、エンジン：GR100型、ボア×ストローク＝71mm×79mm、1251cc、セダン用は55馬力（40.4kW）/5000rpm、クーペ用は65馬力（48kW）/5500rpm。車両：セダンは車両重量940kg、乗車人員5名、最高速度130km/h、クーペは車両重量945kg、乗車人員4名、最高時速145km/h。

P10：コンテッサ1300クーペ（1965年）
エレガントなスタイルとスポーツ性能が愛され、コンテッサクラブが生まれ、未だに100台近くが全国で走っている。

P11：カリフォルニアに遠征したコンテッサ1300（1966年）
日野は対米輸出の布石の一つとしてアメリカでのレース活動をBRE（Brock Racing Enterprise）と契約し1966年3月から活動を開始、各地を転戦した。同年8月、リバーサイドの6時間耐久レースで、10月にはロスアンジェルス タイムス グランプリで共に優勝を飾った（8月のレースはその後公式には失格となってしまった）。写真はサンタバーバラでのスナップ。右側はドライバーのロバート・ダンハム。

P12：サンタバーバラのレース場で待機中のコンテッサ1300（1966年）（左）と、ラグナセカでフォードマスタングとデッドヒートのコンテッサ1300（1966年）（右）
サンタバーバラでのレースは空港の一角で行なわれる。遠方にボーイング・ストラトクルーザーから発展したスーパーグッピーが見える。
左の写真の右端の人物がドライバーでもあるピーター・ブロック、その左がロバート・ダンハム。
コンテッサのエンジン仕様はオリジナルのままで、キャブレター、シリンダーヘッド（ポートと燃焼室）のチューンアップのみ。

P13：コンテッサ1300キャブリオレ
ミケロッティの試作車。日野が当初の空気吸い込み口のデザインに、難点を示し、冷却空気の後方吸い込みを決める頃に、この試作車は完成していた。この流麗なスタイル案の提示がちょっと早ければ、その後のコンテッサの開発も違っていたかも知れないし、世界に類まれな後方吸い込みの特徴も実現しなかったかも知れない。

P14：日野GTプロトタイプ、GT-P（1965年）
第2回日本グランプリでは、日野は前年の圧倒的勝利に酔って惨敗した。第3回日本グランプリに対応し、第3研究部を創設、その目玉としてGT（グランド ツーリング）車を新設計した。エンジンはアルピーヌに委託したが目標出力に至らず、自社設計に切り替えると共にGT-P車も再設計されることになった。写真は矢田部の自動車研究所コースでテスト中のGT-P車。

P15：ヒノGTプロトタイプ車J494型（1966年）
新設の第3研究部を改組してレースグループを新設、リーダーに池田陽一を指名、エンジンを新開発のYE28型に換えたGTプロトタイプを新たに開発した。J494型と称したが、ヒノプロトとも呼ばれた。新エンジンの組み上がりが4月になっても未完で、5月のグランプリ出場はあきらめ、ターゲットを8月の日本レーシングドライバー選手権大会に合わせた。結果は、大排気量のフォード コブラおよびポルシェ カレラには1位2位を譲ったが、総合3位、クラス優勝を果たした。ドライバーは105マイルクラブの山西喜三夫であった。この車のスタイルデザインは、以後トラック、バスなど日野車のほとんどのデザインを指揮した松本金太郎であった。

P16：ヒノGTプロト用YE28型エンジン（1966年）
コンテッサ1300のエンジンをベースとしたが、全く新設計のレース専用エンジンで、改良型のYE28A型も引き続いて完成した。エンジンチューニングが時間切れで、目標の130馬力には両者とも僅かに未達であったがそのまま出場した。今日ではリッター100馬力は量産車で普通であるが、当時では至難であった。ツインオーバーヘッドカム、ウエーバー水平型ツインキャブレター、ツインディストリビューター、ツインプラグ、ドライサンプなどの特徴を持ち、ボア×ストローク＝74mm×74mm、1273cc、130馬力(103kw)(目標)／7500rpm。日野が乗用車事業撤退後、このエンジンはアメリカに渡りヒノサムライに搭載され、イケン・デオチリによりチューンアップされ各所で優勝をもたらした。尚、略同時期に、本格的スポーツ車、コンテッサ1300クーペGTが開発中であったが、それ用のYE27型エンジンは量産が前提であるので、ボア、ストロークを始め、かなり異なっている（本文3-1）。

P17：ヒノサムライ（1967年）
カリフォルニアでレースの転戦中、ピーター・ブロックはコンテッサGT車（ヒノプロト）に興味を持ち、自ら設計開発を買って出た。エンジンは開発中のYE28型が当然考えられたが、次期乗用車として計画中の1600ccエンジンも搭載出来るように設計された。しかし、1966年末、日野はトヨタと技術提携契約を結びレース活動を含めた乗用車事業から完全撤退することになり、ヒノプロト車もエンジンを含めて全て廃却され、BREとの契約も打ち切られた。ピーターはコンテッサ1300クーペのエンジンを改修してこれに当て、1967年の日本グランプリに参加したが、地上高不足で車検が通らず出場出来なかった。ピーターは日本を思い日本のエンジンで日本のグランプリに参加したのに、何か政治的な意図を感じるという悲痛な手記を残してサムライと共に空しく帰米した。その後ヒノサムライはピーターの手を離れたが、4番目の持主ロン・ピアンキによりYE28型エンジンに換装され、かつイケン・デオチリによりチューンアップされた。YE28型エンジンは日本レーシングドライバー選手権大会で勝利は収めたものの、原因不明の出力低下の欠点を抱えており、その究明が終わった（スカベンジングポンプの設計ミスと判明）後、トヨタとの提携でレース活動終焉と共に廃却されてしまったものと思われていた。それが如何なる経緯でアメリカに渡り、本来搭載されるべきサムライに収まったのかは未だに不明である。サムライはエンジンのチューニングの他、さらにブレーキ並びにリヤサスペンションも変更され、強力なレースマシーンに生まれ変わり、その後5年間で、"C"クラススポーツで3回優勝、トップ5には54回入る成績を残した。その後再びピーターに買い戻された後、第三者に売られ、レストアが図られていると言われる（本文3-1）。

P18：フォーミュラジュニア、「デル・コンテッサMkⅢ」（1965年）
105マイルクラブは日野のレーシングドライバーを引き受けた他にも日野のレース活動に大きな貢献を残した。その一つに、塩沢進午会長自身の設計になるフォーミュラジュニア「デル・コンテッサ」による活躍があった。当時のF1の規制は1500cc、その下にフォーミュラジュニアというカテゴリーがあり、これに対応させ、コンテッサの部品などを利用したのが「デル・コンテッサ」であった。当初コンテッサ900、後、コンテッサ1300のパワートレインを活用、前者は第2回日本グランプリに入賞（ドライバーは立原義次）した。写真の「デル・コンテッサMkⅢ」は1965年船橋のゴールデンビーチトロフィレースで優勝を果たした（ドライバーは本田正一）。

> トラック バス

T1：キャブオーバー形一般カーゴトラックTH80型（1961年）
積載スペースの増加が望まれ、キャブオーバー形キャブがボンネットトラックTH型に代わって登場した。エンジン：DS50型、ボア×ストローク＝110mm×140mm、8リッター、160馬力(118kW)/2400rpm。

T2：DK10型エンジンを搭載、大型化したボンネットのZM100型（1964年）
親しまれた精悍な「剣道のお面」のコンセプトを継承したがイメージは変わった。ダンプ車としてよく使用された。写真はZM100D型11トン積みダンプトラック。

T3：モノコックボディーとなったRC10P型バス（1961年）
トラックと同じようなフレーム構造を持ち、それにボディーを架装した伝統的な構造から、航空機と類似のモノコック（一体）構造のボディーとなった。ホイールベース：5500mm、乗車定員：80～82名、エンジン：DK20型、ボア×ストローク＝120mm×150mm、10.2リッター、195馬力(143kW)/2300rpm。1967年、ターボ付きDK20K-T型260馬力(191kW)/2300rpmとなり、1973年にはターボをギャレット(現ハネウエル)製に替え、1979年にEK200型と換装するまで活躍した。

T4：アメリカが輸入したトラック第1号となったKM300型「レンジャー」(後方のトラック) (1966年)
コンテッサ1300クーペのレース活動を委託したカリフォルニアのBRE向けに供給したKM300型が図らずもアメリカが輸入したトラック第1号となり、現在はロングビーチに保存されている。写真はBREの工場前を出発するピーター・ブロックのコンテッサ1300クーペを見送るレンジャーKM300型中型トラック。初期型でドアは前開き。残念ながらオリジナルのDM100型エンジンではフリーウエイでは出力不足。シボレーのエンジンに換装されてしまったが、これでカリフォルニア中を駆け巡った。KM300型中型トラックは、大型トラックがどんどん大型化し、10トン車が主流となり2トンの小型トラックとの隙間を埋めるべく、中型3.5トン積みトラックとして1963年に誕生した。第10回全日本自動車ショウでペットネームを公募、「日野レンジャー」となり、この名前は後の中型トラックに引き継がれた。

T5：KB112D型トラック(ダンプ) (1971年)(左)と搭載エンジンEB300型(上)
ミケロッティデザインのボンネットは輸出市場で特に好評であった。ボンネットは前方にフェンダーごとティルトし、整備性は良かった。この型のボンネットはZM型、WG型など大型車にも採用された。写真は8トン積みダンプトラック。エンジン：EB300型、ボア×ストローク=120mm×145mm、9.8リッター、190馬力(140kW)/2350rpm。

T6：KG300型前2軸フルトレーラー(1967年)
東名高速道路の開通と共に、日野は従来の副室式燃焼室エンジンに比し1割以上の燃費節減を誇示する日本初の直噴ディーゼルエンジンを搭載した高速トラックを発表発売した。キャブはプレス型を極力排した直線的なデザインで力強いと好評であった。写真の前2軸と共に前1軸トラクタートレーラーのHG300型も同時発売した。エンジンは極めて先進的な設計を誇ったが、黒煙、始動時白煙、耐久性などに難があり早急に次世代の「赤いエンジン」にバトンタッチした。エンジン：EA100型、V8型、ボア×ストローク=140mm×110mm、13.5リッター、280馬力(206kW)/2600rpm。

T7：KL300型「レンジャー」中型トラック（1969年）
乗用車から撤退後初めてトラック屋になった部隊の作品である。エンジンは過酷なレースエンジンの経験も加味し、単筒エンジンの解析をベースに新作した。特徴あるユニークなキャブデザインの基本アイデアはミケロッティである。このコンセプトは大型トラックにも適用し、市場での日野車の存在感向上を図った。
KL車はヒット作品となりシェアアップに貢献した。ホイールベース3470mm、積載量4500kg。エンジン：EC100型、ボアストローク＝97mm×113mm、5リッター、120馬力（88Kw）/3200rpm。

T8：「赤いエンジン」EF100型（1971年）（左）と最終発展型のF17DTI-2（1993年）（右）（日野自動車21世紀センター、オートプラザ蔵）
前任のEA100型ではV8型のアンバランスモーメント対策としてバランスウエイトをフライホイールとクランクプーリーに取り付けコンパクト化を図ったが、ベアリングの寿命が短くなってしまった。EF100型ではバランスウエイトをクランクケース内に入れたが、クランクジャーナルにまたがって二分する独特の形状を採用、セミインターナルバランスと称した。「赤いエンジン」はV8型（V型8シリンダー）3機種、L6型（直列6シリンダー）1機種の4種類。EF100型：V8、ボア×ストローク＝130mm×130mm、13.8リッター、280馬力（206kW）/2400rpm。EG100型：V8、ボア×ストローク＝135mm×130mm、14.9リッター、305馬力（224kW）/2400rpm。EF100T型：V8、ボア×ストロークはEF100型と同じ。車両用としておそらく世界初のツインターボ。350馬力（257kW）/2400rpm。ED100型：L6、ボア×ストローク＝128mm×150mm、11.6リッター、260馬力（191kW）/2300rpm。V型エンジンは発展、高出力化し、船舶用などにも応用された。EF100T型は1993年には520馬力（383kW）のF17DTI-2型まで発展、トラクタートレーラー用として好評であった。V型エンジンはその後、排出ガス対策と共に低燃費のL6型ターボ インタークーラー付きエンジンに順次バトンタッチした（本文3-2-4）。

T9：「赤いエンジン」搭載のTC300系11トン前2軸車（上）とKF300系11トン後2軸車（下）（1971年）
エンジンは共にED100型、ボア×ストローク＝128mm×150mm、11.6リッター、260馬力(191kW)/2300rpm。

後2軸車：
ロッカービーム（挺式）を併用したZサスと称した独特のサスペンションを採用して軽量化され、荷物傷みが減少し、走行安定性が向上した。
写真の車両のキャブとボディーの色が違うのはリヤボディーを架装し終わったところで、これから、お客の希望に合わせて最終の塗装を行なう。

T10：ハイキャブHE340型セミトラクター トレーラー（1971年）
引っ張る部分をトラクターと言い、その後部のカプラーと呼ばれる所にトレーラーをつなげて引っ張る。写真のように合わせた状態をトラクター トレーラー コンビネーションと言う（カプラーに懸かる荷重を第5輪荷重と言う）。この先進的なハイキャブスタイルは好評で、1977年にはV10型エンジンも搭載し発展したが、比較的短期に姿を消してしまったのは惜しまれる（本文3-2-5）。エンジンはEG100型。

T11：画期的な前2軸低床式10トン車KS390型（1974年）

軸重が許容出来ないところは大きなタイヤで良いではないか、という設計者達のフレキシブルな発想から実現した。これにより段ボールは箱一段余計に積め、40m梯子消防車はクレーン車でなくこの車で架装出来、タイヤが小さいのでトルクも小さく、中型車並みの駆動系で軽量化出来るなど多くのメリットが生まれた。
エンジンはED100型260馬力からK13D270馬力、さらにV型のF17E340馬力に発展、後年、前軸タイヤも高荷重用が開発され同じサイズとなっている。

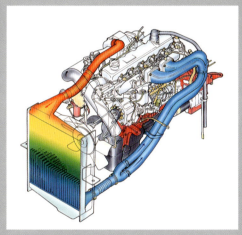

T12：世界初のダウンサイジング、EP100型エンジン（1981年） (3-1-1)

ダウンサイジングという言葉は今世紀に入って乗用車の燃費対策が厳しくなってきて言われ始めたが、このEP100型エンジンが世界初の登場である。小さな排気量で大排気量と同じ働きを要求される訳であるから当然多くの工夫がなされなければ出来ない。EP100型エンジンにはトラックとして世界初の電子制御、可変機構（慣性過給）など多くの新機構を採用した。巨大な吸気管は極低速のトルク点と中速のトルク点に同調させ、その部分のトルクの増加を図る可変機構付き慣性過給用である。今日一般的となった可変機構も世界初である。これは、多段トランスミッションを嫌う日本独特の習慣に従い、フラットトルクと組み合わせたものであった。後年、電子式コモンレール、VGターボさらに電子式多段ミッションの出現により過去の技術となった。ボア×ストローク＝120mm×130mm、8.8リッター、280馬力（206kW）/2300rpm。

T13：EK100型エンジンから発展し、トラック用エンジンとして世界最高の熱効率を記録したK13C-4型エンジン（1992年）（日野自動車21世紀センター、オートプラザ蔵）

1971年、日野は先陣を切って「赤いエンジン」シリーズで一斉に直噴化したが、これからの排ガス対策を考えるとそれは早とちりではないかという誹りも聞こえ、懸命な研究の結果、排ガス対策としての直噴燃焼、HMMS (Hino Micro Mixing System) を考え出した。1975年、これを適用し、EK100型エンジンを世に送り出した。HMMSは全エンジンに適用した。EK100型は傑作エンジンとなり、次々に進歩し1991年、K13Cエンジンは高速ディーゼルエンジンとして世界最高となる熱効率45.6%を記録した。EK100型エンジン（1975年）：ボア×ストローク＝137mm×150mm、13.3リッター、270馬力(198.5kW)/2150rpm。K13C-4型エンジン（1992年）：ボア×ストローク＝135mm×150mm、12.9リッター、385馬力(283kW)/2000rpm。巨大な吸気系はEP100型エンジンで発明した可変機構付き慣性過給である。

T14：エアロダイナミクスを適用した「風のレンジャー」FD172型（1980年）（上）と「スーパードルフィン」10トン車FN276型（1983年）（下）

空力に重点を置いた成果は例えば中型の「風のレンジャー」の場合、車両前面の空気抵抗は35％も低下した。大型の「スーパードルフィン」は乗員のキャビン全体をトラックのフレームから切り離して弾性支持するフルフローティングキャブサスペンションを、日本で初めて日野の独自方式で採用した。これにより室内騒音は80km/hにおいて70db以下となり、乗員の疲労度は半分に低減した（疲労度はフリッカー値で計る）。その他安全性、操作性、居住性、点検整備性など全てがワンナップした。FD172型用エンジン：EH700型、ボア×ストローク＝110mm×113mm、6.4リッター、170馬力（125kW）/3000rpm。FN276型用エンジン：EK100型、270馬力（199kW）（先述）。

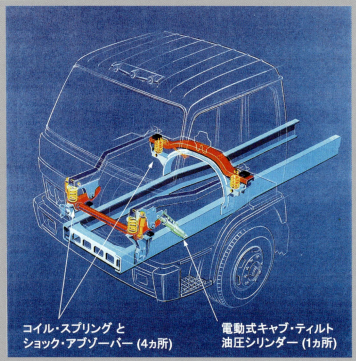

コイル・スプリング と ショック・アブゾーバー (4ヵ所)　　電動式キャブ・ティルト 油圧シリンダー (1ヵ所)

T15：フルフローティングキャブサスペンション（1981年～）

1981年に登場したスーパードルフィンは画期的なダウンサイジングEP100型エンジンと共に、キャブ（運転台）をシャシフレームから完全に浮かせるいわゆるフルフローティングキャブサスペンションを日本で初めて採用した。これは乗員の疲労度を画期的に低減させ、その後、他社にも追随されることになった。世界初の電動式ティルトもキャブオーバーとしての長年の弱点を一気に解決しユーザーに喜んで迎えられた。1992年のスーパードルフィン プロフィアでは、図に見られるコイルばねを空気ばねに変え、さらなる乗り心地の改善、疲労の低減を図った。

T16：スケルトン構造2階建バスRY638型（1983年）

バスの構造は、梯子フレームにボディーを載せた構造からモノコック構造、さらにパイプフレームに鋼板を溶接するスケルトン構造へと進化した。1977年に初めてスケルトン構造のRS型を発売したが、RY638型は、その構造での2階建バスである（図3-2-6）。ホイールベース5675mm+1300mm、乗車定員74名。エンジン：EF750T型、360馬力（265kW）/2200rpm。

T17：V10型、21.6リッターエンジンとL4型、3.8リッターエンジン、最大と最小のそろい踏み（1987年）

グローバルな物流の増加に伴いトラクタートレーラーの運用が増し1977年に開発したV型10シリンダー、EV700型、20リッター、415馬力（305kW）は1987年新たに開発されV21C型（21リッター）およびV22C型（21.6リッター）、として登場、後者は420馬力（309kW）となった。同じ年、直列4シリンダー（L4）のW型エンジンW04CTI型、3.8リッター、165馬力（121kW）も開発された。V10型エンジンは1990年にV25C-1型、25リッター、450馬力（331kW）に、1992年にはV25C-2型、同じ排気量で480馬力（353kW）に達した。小さい方のW型は1983年に自然吸気4シリンダー120馬力（88kW）および6シリンダー145馬力（107kW）として同時開発されたが、6シリンダーの方は1986年に165馬力になった。

T18：中型トラック「クルージングレンジャー」（1989年）

「風のレンジャー」のデザインは空力抵抗低減には効果があったが、デザインとしての評価は思わしくなかった。起死回生を期して出来上がったデザインはトラックのイメージを超脱、歓喜した販売部門はクルージングレンジャーと名付け、新進気鋭の女優ダイアン・レインを起用、大々的に宣伝した。市場の評判を呼び、フランスのルノーから使わせてほしいと要請があり、それにも応じた。

T19：大型観光バス セレガ（1990年）
観光バスのスタイルはどうあるべきか？ という原点に立つならば「おもてなしの心」である。としてそのデザインは完成した。そのテーマは「セクシィ」そして「エレガンス」として、「セレガ」という名につながった。今までのバスの常識であったパイプフレームを前提とする構造を脱し必要部分はプレス成型を行なった。エンジンは自然吸気V8型、310馬力～380馬力を揃えた。最大のF20C型エンジン：ボア×ストローク＝146mm×147mm、19.7リッター、380馬力（279kW）/2200rpm。

T20：スーパードルフィン プロフィア（1992年）
輸送という営みもその美しさ、楽しさ、輸送を委託する人、関わる人、その社会を文化として捉えた。そのモデルチェンジをテーマとしたトラックはかくあるべきとしたコンセプトをプロフィアに求めた。キャブのサスペンションは空気ばね＋ショックアブソーバー付き、バックミラーは熱線入り電動、レーザーセンサーによる車間距離警報、エンジン リターダー（エンジンブレーキ強化装置）、衝突時衝撃吸収ステアリングなどなど、快適、乗り心地、疲労低減および安全装置などを率先装着した。エンジンはV10型の最大480馬力、V8の最大520馬力、L6ではEP100型の発展型P11C325馬力、K13C型は380馬力を最大とし、この間、最低馬力のK13D型270馬力まで使用条件によって選択できるレンジを揃えた。エコノミー バージョンの6シリンダー、ターボ インタークーラー付きP11C-2型の仕様：ボア×ストローク＝122mm×150mm、10.5リッター、325馬力（239kW）/2100rpm。

T21：車両総重量規制変更と共に新たなトップマークを付けて登場したスーパードルフィンプロフィア（1994年）
1993年11月、永年懸案であった車両総重量規制が42年振りに20トンから25トンに緩和され、欧米のそれに近づいた。機を一にして、これも社内で永年議論を重ねてきた新トップマークを付け、25トン車として登場した。この他、22トン、20トンシリーズも加えたが、総重量20トンのベストソリューションであった前2軸車も新たなシリーズへと移行した。

T22：世界初のコモンレール燃料噴射ポンプを装着したJ08C型エンジン（1995年〜）（左）（日野自動車21世紀センター、オートプラザ蔵）と最新のJ08E型エンジン（2005年〜）（右）

（左）：カットエンジンであるが、赤く塗られた部分がコモンレールシステムである。1980年代より日野自動車は高圧燃料噴射に注目、ユニットインジェクターの研究をデンソーと共同で行なってきたが、当初の試作ポンプ「U1」型に対しより自由度のある方式を求めていたところ「U2」型と称した電子制御式コモンレールを提案された。多くの試行錯誤を経て、1995年これを世界で初めて新開発のJ08型エンジンに採用し、中型トラック、ライジングレンジャーに搭載して市販した。以後コモンレールは燎原（りょうげん）の火の如く急速に普及し、自動車用ディーゼルエンジンの標準となっている（本文3-2-15）。J08C型エンジン：ボア×ストローク＝114mm×130mm、5.3〜7.96リッター。4、5、6シリンダー、自然吸気、ターボおよびターボ インタークーラー、145馬力（107kW）〜260馬力（191kW）。

（右）：J08E型エンジンは4、5、6シリンダーのバリエーションを有し、出力レンジは180馬力（132kW）〜270馬力（199kW）まで8機種で、4トン、8.5トン、9トンおよび11.5トン車をカバーする。J08E型エンジン：ボア×ストローク＝112mm×130mm、4.73〜7.68リッター、180馬力（132kW）〜270馬力（199kW）。

T23：スーパードルフィン プロフィア ショートキャブFN型（1998年）

コモンレール燃料噴射ポンプは中型エンジンの良好な実績を踏まえ苛酷度の高い大型車にも採用した。これと共にキャブ前面にアッパーグリルを追加、バンパーに取り付けたフォグランプなど外観も改めた他、安全性の大幅向上などを含めたマイナーチェンジを実施した。これと同時に発売したのが、この前2軸ショートキャブFN型で、初めて荷台の内寸長10mを実現、積載パレット2枚の増量が可能となり、積載効率は12％向上した。後1軸のショートキャブも同時発売している。最大積載量23トン、エンジンはP11C型ターボインタークーラー付き、330馬力（243kW）。

T24：小型トラック 日野デュトロ（1999年〜）

1999年、想を新たに小型トラック デュトロを開発した。2007年より普通免許で運転出来る車両総重量が8トンから5トンに改定され、また新長期排ガス規制にも対処するため、2007年には新エンジンを搭載し、積載量2トンから3トン以上までを網羅する新型デュトロを登場させた。フロントマスクを一新、ワイドビュー ピラーと称する、透けて見えるフロントピラーを採用するなど安全性と快適性を向上させた。設定車型数は合計322車型におよぶ。

エンジンはN04C型、4シリンダー、ボア×ストローク＝104mm×118mm、4リッター、ハイブリッド1型式を含め複数出力で5機種、出力は各85、100、110、132kW（ハイブリッド型は100kW、モーター・ジェネレーター出力は23kW）。

T25：中型トラック日野レンジャープロ（2001年）

トラックの生涯コスト、つまり原料から稼働時、廃却までの全コストの低減を目標とし、キャブの空力性能向上と、コモンレール噴射系を採用したエンジンにより燃費は17％の向上を果たした。このショートキャブ・ハイルーフは中型トラックとしては初めてであった。

T26：フルモデルチェンジの日野プロフィア（2003年）

外形のデザインコンセプトは、大中型共通の"シリンダーフォルム＆ウェッジベルト"コンセプト、つまり上からは丸く、横からはウエッジ形のスタイルをオランダDNW研究所の1／1風洞でリファインし、トップレベルの空力特性を得、燃費向上に大きく寄与した。エンジンは新規開発のオーバーヘッドカムE13C型ターボ インタークーラー付きで出力特性を異にする9種類を網羅するいわゆるダウンスピーディングコンセプトである。エンジン諸元：ボア×ストローク＝137mm×146mm、12.9リッター、出力265kW（360馬力）/1800rpm～382kW（520馬力）/1800rpmの6バージョン、トルク1814Nm～2154Nmの9バージョン。新たに電子制御の12段セミオートマチックトランスミッション「Pro Shift（プロシフト）12」を開発、採用した。

T27：日野プロフィア スーパーハイルーフ（2003年）

運転席の上に設けたベッドはクラス最大のベッド面積が確保できた。ルーフ上方に空調吹き出し口を設けサイドウインドーはスライド式である。

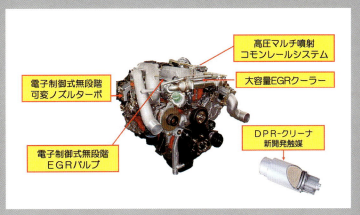

T28：次世代ダウンサイジングエンジンA09C型（2007年）
大型トラック用としてのダウンサイジングエンジンは1981年以来発展してきたが新技術をまとった次世代ダウンサイジングとして登場し、多くの車型に適用されている。図示のようにエンジンは新時代の新技術をまとい、同じダウンサイジングコンセプトでも大きく変貌している。かつて、多段トランスミッションが受け入れられなかった日本の国情を克服した可変式慣性過給の象の鼻のような吸気管は、電子制御の12段トランスミッションの採用などで姿を消し、排ガス対策の技術に取り囲まれている（本文3-2-18）。諸元：ボア×ストローク＝112mm×150mm、8.87リッター、279kW（380馬力）/1800rpm。

（ラベル：高圧マルチ噴射コモンレールシステム／大容量EGRクーラー／DPR-クリーナ 新開発触媒／電子制御式無段階可変ノズルターボ／電子制御式無段階EGRバルブ）

T29：消防車の例、はしご付き消防ポンプ車（モリタコーポレーション）
消防車は大型トラック、日野プロフィア、中型トラック、日野レンジャーをベースに化学消防車、化学高所放水車、救助工作車さらに小型トラック、日野デュトロをベースとしたものも含め多岐にわたる。写真は30～50m級のはしご付き、8×4消防ポンプ車。A09C型エンジン搭載。

T30：日野スカニア、トラクター トレーラー コンビネーション
2003年、日野はスウェーデンのトラック老舗スカニア社のいわゆるトレーラートラックを日本の規制に適合させるため共同開発し、日本で販売を開始した。当初のエンジンは有名なターボコンパウンド（ターボチャージャーからの出力をコンプレッサーだけでなくクランクシャフトにつなげて出力も増加させる）であったが、新長期規制に合わせて2005年よりスカニアDC13型エンジンを搭載して販売している。同エンジンはコモンレール方式としては世界最高の燃料噴射圧力240MPaのXHPシステムを採用し、注目されている。エンジン諸元：ボア×ストローク＝130mm×160mm、12.74リッター、出力346kW（470馬力）および309kW（420馬力）/1900rpm。トランスミッション：電子制御セミオートマチック12段。

T31：小型バス 日野リエッセ（1995年）
1995年、好評のセレガのデザインコンセプトを継承した小型バス、リエッセを発売した。このクラスで不十分であった乗降性、車内のコミュニケーションを配慮しトップドア（前部ドア）、クラウチングシステム（乗降時車体が下がり、乗降しやすくなる）とし、観光、スクールバス、路線バスまで網羅した。エンジン：J05C型およびJ05C-TI型、145馬力（107kW）および175馬力（129kW）。乗車定員：20人〜41人。

T32：中型観光バス 日野メルファ（1998年）
1980年以来の中型バスレインボーに代わってここでもセレガのコンセプトを発展させたスタイリングを採用、室内幅、室内高も増加、さらに全車型エアサスペンションを標準装備した。エンジン：J08C型、自然吸気220馬力（162kW）、ターボ付き260馬力（191kW）。乗車定員：34人〜58人。

T33：大型観光バス 日野セレガ（2005年）
2002年、日野自動車といすゞ自動車との折半の出資で、バス製造専門の「ジェイ・バス株式会社」が設立され、最新設備を誇る新鋭工場は小松市に建設された。その第一作がこの大型観光バスである。「日野セレガ」と「いすゞガーラ」で外観はほとんど同じである。新長期排ガス規制に適合した環境性能、日野「CAPS」（本文3-2-22）に基づく安全性能、新開発の電子制御可能なサスペンション、LEDファイバー照明などによる快適性を備えてデビューした。エンジン：E13C型、ボア×ストローク＝137mm×146mm、12.9リッター、279kW（380馬力）および338kW（460馬力）。乗車定員：43人〜57人。

T34：小型ノンステップバス 日野ポンチョ（2006年）
高齢化社会となり、今世紀に入り都市内のコミュニティバスの需要増加に対応すべく日野は2002年、フランスのプジョー車をベースとした「ポンチョ」を発売した。これによる市場の評価、実態を踏まえ全く新しく開発したのが、この「日野ポンチョ」である。市場要求である30〜35名の定員とフルフラット床を駆動系のレイアウトの工夫で実現した。乗降口は乗降時50mm下がる。住宅街の狭い路地に入り込めるので、愛らしいデザインと共にその評価は上々である。エンジン：J05D型、ボア×ストローク＝112mm×120mm、4.7リッター、132kW（180馬力）。乗車定員：25人〜36人。

T35：北米に展開した日野600シリーズトラック（2004年）
北米市場でのトラックはボンネットタイプが依然主流である。アメリカのトラックはその全備重量（GVW）によってクラス1からクラス8まで区分されるが、コンボイとも呼ばれるクラス8の最大GVW 33,000ポンド（約15トン）以上は除きクラス4（約6.4トン）からクラス7（約14.5トン）までを品ぞろえした。写真は左からHINO238（class6）、HINO165（class4）、HINO185（class5）、HINO338（class7／カナダ仕様）およびHINO338（class7）。エンジンはクラス4、5がJ05D、175馬力、クラス6がJ08E、220馬力。クラス7がJ08E、バージョン違いの260馬力である。

T36：カリフォルニア州のデスバレーの酷暑地帯を行く日野中型トラック(2004年)
デスバレーとはシェラネバタ山脈を越えネバタ州との境に横たわる酷暑砂漠。19世紀の半ばゴールドラッシュで通過を試みた探検隊の何人かが酷暑で死亡したことからこの名が付いたと言う。最高55℃、夜でも38℃と言われる。開発過程の中での酷暑テストの風景である。

T37：バングラデシュのダッカ市内を走る日野天然ガスバス
AK1Jフレーム付きフロントエンジンバスを現地でノックダウン組立、ボディーは現地デザイン、現地架装である。同国では唯一の化石資源、天然ガスで走る。

T38：タイにおける天然ガストラクター トレーラー
日野FM1J型トラクターを天然ガス仕様にし、現地製トレーラーをつないでいる。

エンジン単体

E1：日野自動車の最初の汎用エンジンと最新の例

まずは小型漁船用として96式牽引車用DA54型エンジン（100式統制型）を、アメリカ軍が持ち込んだGMグレイマリンエンジンを参考にして漁船用に改め、1948年に発売を開始した。これが日野自動車としての汎用エンジン事業の原点である。

（上）：日野自動車の汎用エンジンの原点、DA54型（1948年～）
水冷予燃焼室式、10.9リッター、110馬力（81kW）/1700rpm。漁船用、レールカー用さらに構内機関車用などに用いられた。排気ガスの規制は無く「煙が出なきゃディーゼルじゃねえ」というおおらかな時代だった。

（右）：最新の汎用エンジンP11C型（2005年～）
直接噴射式、ターボ インタークーラー、10.5リッター、336馬力（247kW）/2000rpm（除雪車仕様の例）。電子式コモンレール燃料噴射、内部EGRで日米欧の排ガス規制に適合している。

E2：ホイールローダー（川崎重工OZIII型）（1982～1999年）

掘削、運搬、積み込みなど建設現場で活躍する。バケット容量2.3 m³。エンジン：H06C-T型、ボア×ストローク＝108mm×118mm、6.5リッター、155馬力（114kW）/2200rpm。

E3：舶用エンジンのテスト風景とそのエンジン（1999年）
（左）：浜名湖におけるヤマハ プレジャーボートでのテストである。（右）：マリーンエンジンとなったP11B-TI型（ヤマハN483型）。エンジンは法規（漁船法など）適合のためボアも変更し、海水冷却オイルクーラーなどなど多くの変更が必要となる。P11B-T1型はヤマハ発動機との共同開発で、ヤマハブランドである。マリーン用としてさらなる出力アップを図るためツインターボ インタークーラーとした。エアークリーナーは、陸上用と違って非常な簡素なものがターボに直結している。ボア×ストローク＝121.9mm×150mm、10.5リッター、495kW（673馬力）/2300rpm。

E4：ゴムクローラー リゾート運搬車（諸岡MST1200Lおよび1600L型）（1982～1999年）
ゴルフ場などの不整地、スキー場などの雪上の長距離輸送用運搬車。キャブは日野FC車を流用している。クローラー（Crawler）とは一般にクローラ（キャタピラ）付きの低速車。エンジン：H06C-TI型、210馬力（154kW）/2500rpm、W04C-T型、115馬力（85kW）/2500rpm。

E5：除雪車新旧2態
1980年代と2000年代に入ってからの進歩を除雪車に見る。より小さなエンジンで出力も増し、除雪量も増し、燃費も良くなり、排ガスも綺麗になった。
（左）：ロータリー除雪車、新潟鉄工NR655型（1981年）
除雪量2200 Ton/h。エンジン：EF750T、V8型、16.7リッター、300馬力（221kW）/2200rpm。
（右）：ロータリー除雪車、新潟トランシスNR301型（2005年～）
除雪量2700 Ton/h。エンジン：P11C-UN型、10.5リッター、247kW（336馬力）（口絵E1参照）。

E6：ロードローラー（酒井重工R2型）(2003年)
締め固め幅2100mm、運転重量9980kg。エンジン：W04D-H型、ボア×ストローク＝104mm×118mm、4リッター、58kW（80馬力）/2050rpm。

E7：小型汎用N04C型エンジンとその搭載例
(左)：N04C型エンジン(2006年～)
排出ガス規制では、日本2007年、アメリカTier 3、ヨーロッパStage ⅢAに対応した新エンジンで、コモンレール燃料噴射システム、クールEGR、ターボ インタークーラー付き。ボア×ストローク＝104mm×118mm、4リッター、74kW（100馬力）/2100rpm。
(右)：新潟トランシス小型ロータリー除雪車NR82型(2006年～)
最大除雪量750Ton/h、車両総重量4900kg。

E8：フォークリフト（豊田自動織機5FD80型）(2006年～)
定格荷重8000kg、車両重量11160kg。エンジン：N04C-UA型、コモンレール燃料噴射システム、クールEGR、ターボ インタークーラー付き、ボア×ストローク＝104mm×118mm、4リッター、90kW（122馬力）/2200rpm。

E9：油圧クローラークレーン（コベルコSL6000J-500型）
日野自動車の前身、ガス電は日本で初めて国産自動車（TGE A型トラック）を量産したが、コベルコ建機の前身、神戸製鋼は日本で初めて建設機械（5CK型電気ショベル）を作り（1930年）、共に発展して今日に至っている。日野の最新エンジンを搭載したコベルコの500トンクレーンである。最大吊り上げ能力500t×6.2m。エンジン：E13C-UV型、ボア×ストローク＝137mm×146mm、12.9リッター、ターボ インタークーラー、電子式コモンレール燃料噴射、クールEGR、320kW（435馬力）/1850rpm。

E10：標高4450mの高地で活躍するコベルコSK200型油圧ショベル（下）とそのエンジン（右）
クルンサンコウ（中華人民共和国 崑崙山口）の高地でもターボ インタークーラーの威力を発揮している。油圧ショベル：バケット容量0.8m³、運転重量19700kg。エンジン：JE05E-TA、TB型、ボア×ストローク＝112m×130mm、5.1リッター、118kW（160馬力）/2000rpm。非常に大きなファンが目立つ。

小型車の展開

B1：三井精機、オリエントCC型、DC型（1951年頃）（国立科学博物館蔵）（左）と、ハスラー（1961年）（日野自動車21世紀センター、オートプラザ蔵）（右）

（左）：三井精機工業による最初のオート3輪（俗称）の製造開始は日野自動車のトレーラートラックと同じ1946年である。オリエントの名は前身である東洋精機工業の「東洋」の英語である。1951年型のカタログ写真と異なっているのはフェンダーが伸び、そのステーが追加されているのみであるので、51年型の改造型であろう。エンジン：空冷、1シリンダー、ボア×ストローク＝95mm×108mm、766cc、16.5馬力（12.1kW）/3600rpm。

（右）：オリエントと並行して一まわり小さい（350kg積み）ハンピーおよびハスラーも登場させた。エンジン：1シリンダー、2ストロークサイクル、ボア×ストローク＝72mm×70mm、285cc、12馬力（8.8kW）/4400rpm。

B2：オリエント、AC型（1956～1962年）

柳宗理を起用したこのボディーデザインは最高傑作と言われ、オリエント号としてもAB、AMM、BMM、TRなど多くのバリエーションがある。1956年に登場した時は標準車としてはドアも無くバーハンドルであったが後、丸ハンドル3人掛けとなった。1958年に、BB型が登場したが、AC型は1962年オート3輪の最後まで生産された。平面ガラスを使いながら死角を無くし近代的なスタイルを実現したが、これは同じように平面ガラスのルノー4CVと通じるものがある。搭載量は1トン、1.5トン、2トンなど。AC型のエンジン：水冷OHV直列2シリンダー、スラント床下、ボア×ストローク＝90mm×110mm、1400cc、49馬力（36kW）/3400rpm。尚、このエンジンは日野DL12A型エンジンのスターターエンジンとして改良し転用された（図2-2-11）。

B3：**ブリスカ900（1961年）（上）と、ブリスカ1300（1965年）（下）**

（上）：日野自動車販売の一翼を担ったオート3輪の市場も下火となり、4輪小型トラックがこれに代わってきた。新開発のブリスカはコンテッサと同時に発表発売され、オリエントは消えた。ブリスカのエンジンはコンテッサと共通であるが、車の構造はコンベンショナルのフレーム付きトラックである。ブリスカとはロシア語で幌付きの馬車、フランス語にもあり、コンテッサ（伯爵夫人）からの連想であろうか？ 販売会社に語学に堪能な役員がいたのだろう。積載量750kg。

（下）：コンテッサ1300の発売と共に、ブリスカ1300も1トン積みトラックとして同時発売された。1966年、トヨタ自動車との業務提携により、日野は乗用車からは撤退したがブリスカ1300はコンテッサのエンジンをベースとし、「トヨタブリスカ」として1967年から発売された。日野ブリスカに対しインテリアなどと共に、トヨタ系部品への変更がなされた。エンジンのキャブレターも日立製からアイシン製に変更、出力も63馬力（46kW）にアップした。

B4：初代ハイラックス（1968年）
トヨタブリスカの後を受けて、トヨタ車体でボディー関係の設計がなされていたハイラックスは試作以降を日野が担当した。北米輸出も意識した設計で、先進的なピックアップトラックであった。ハイラックスは日本国内の車名で北米向けには「トヨタ・トラック」であった。エンジン：L4 1.5リッター、77馬力（57kW）。

B5：2代目ハイラックス（1974年）
ボディー設計、スタイルデザインおよび生産を、この車から日野が担当した。スタイルデザインは好評であった。
エンジン：L4 1.6リッター、83馬力（61kW）、L4 2.0リッター、98馬力（73kW）。

B6：3代目ハイラックス（1978年）

追加設定した本格的4WD車である。デザインはカリフォルニアに設立していたCALTY DESIGNに日野デザイナーも常駐し、アメリカ西海岸地域をターゲットとして仕上げた。このデザインは好評を博し、コンペティターを越えた。また2WD車のサウジアラビア向けでは大胆なデザインのテープストライプを毎年変え、ここでもシェアはアップした。
日本国内向きには「HILUX カリフォルニア」のCMでRVのジャンルを開拓した。エンジン（4WD車）：2.0リッター、98馬力（73kW）、2.2リッター、110馬力（81kW）（北米向け）。

B7：4代目ハイラックス（エクストラ キャブ）（1984年）

ピックアップトラックとしてスペースユーティリティ向上のためキャブを延長し手荷物スペース、リクライニングスペースを大きくしたバージョンを「エクストラキャブ」と称して追加設定した。サイド後部の縦長ウインドーが目立ち、映画「バック・トゥ・ザ・フューチャーⅡ」では主人公のマイカーとして特に若者の耳目を集めた。エンジン：L4 2.4リッター、116馬力（86kW）。

B8：キャンピングカーに変身
前図のフロント周りは変えず、リヤートレッドを広げ、ダブルタイヤとしたキャンピングカー。

B9：ハイラックス サーフ／4 Runner
（中）：1984年型4 Runner。ピックアップトラック4WDをベースにFRP製カバートップを組み合わせた3ドア5人乗りSUVを新規に設定した。
（下）：1989年型4 Runner。カバートップタイプからスティール一体構造タイプとした本格SUVとして開発した。3ドア5人乗りと、5ドア5人乗りバージョンを揃えた。SUVの元祖として評価された。エンジン：L4 2.4リッター、116馬力(86kW)、V6 3.0リッター、150馬力(111kW)。

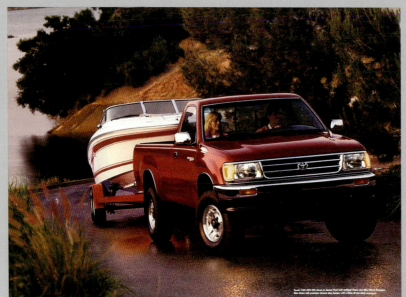

B10：T100型フルサイズ ピックアップ（1992年）
アメリカ国内のフルサイズピックアップに比し、ややコンパクトサイズとし、デッキはアメリカで一般的な4×8フィート定尺パネルを搭載可能とした。エンジンはV6型であったが、1999年モデルよりV8型に換装、車名も「タンドラ」としてテキサス工場で生産されている。エンジン：V6 3.4リッター、190馬力（141kW）、V8 4.7リッター、245馬力（182kW）。

B11：FJクルーザー（2006年）
トヨタCALTY DESIGNがシカゴ オートショーに出品した、本格的オフロード性能を持った新ジャンルのSUVが大きな反響を呼び、生産化となったものである。ボディー設計を日野が担当し、羽村工場で生産している。北米の他、中近東、中国にも販売している。
エンジン：V6 4.0リッター、239馬力（178kW）。

第3章
日野自動車工業から日野自動車

3-1 乗用車(3-1-1)

**星子の夢「大衆車」が
コンテッサへと実を結ぶ**

　某日、星子勇は千代田瓦斯会社の設立にかかわった福沢家の福沢駒吉に呼ばれた。福沢は自身のデューセンバーグを星子に見せ、「この車で京都にタケノコを食べに行ってきた。自動車を作るなら、一日で京都に行けるようなこんな車を作りなさい」と言った。しかし星子の夢は大衆車であって豪華車ではなかった。星子は黙ったまま首を縦に振らなかった。という逸話が日野の先輩たちに語り継がれてきた。今日言う大衆車という概念は当時ではフォードとかシボレーであったかも知れない。戦前、ちよだHA型(口絵G22)を作ったがこれは乗用車の習作と言えようが、フォード級のものと思われる。

　いわゆる大衆車という表現がなされるようになった萌芽は、第二次大戦直前1938年（昭和13年）、KdFワーゲン（当時、歓喜力行車と訳された）として発表されたフォルクスワーゲン（フォルクは庶民、ワーゲンは車）と見て良いだろう。これを横目で見たルノー社のF・ピカールとP・セールは1939年、大衆車ルノー4CVの開発を開始した。そして大戦中もナチの目を潜って開発を続け1952年、ヨーロッパで売り始め、好評を博した。このルノー4CVのライセンス生産の打診が、国営化されたルノー公団から日野ヂーゼル工業にもたらされたのである。日本では、1949年にGHQによる乗用車製造禁止および制限令が解除されたが、1951年に臨時物資需給調達法の廃止に伴い外国車の輸入は事実上自由化され、遅れに遅れてしまった日本の乗用車に対し、外国車氾濫の危機を迎えた。1952年、当時の通産省は乗用車関係提携および組立契約に関する取り扱い方針を決定公布し、乗用車のライセンス取得を促した。ルノー公団の動きはこれに応じたものであった。

　大衆車の生産という星子の夢は大久保正二社長の決断で果たされ、その国産化も関係者の努力により実質3年で100%を達成した。この間、分厚い防弾鋼板に覆われた軍用車しか知らず、7000ccのトラック用ディーゼルエンジンを当時の保安隊用ガソリンエンジンに直した経験しか無い集団が、0.6mmの鋼板のボディーと750ccのガソリンエンジンに挑戦したのである。出来上がった部品は全てルノー公団に送り要求仕様通りであるか否かのテストを受けた。実質3年の国産化はルノー公団の設計図開示後からでは2年ということで、これを成し得たのは、契約提携後、家本潔専務の采配で直ちに発動したサンプル車の分解スケッチという秘策にあった。正式図面到達前の設計図は、エンジンの場合GH10型、その1年後にルノーから開示された正式図面によるものは、GH20型と区別された。スケッチ図面はルノーの正式図面に対し、例えば歯車の転位係数も、カム曲線の等加速度曲線も全く正確に描き出していた。スケッチによる技術習得は極めて有効な技術移転手法であった。しかし当時の、少なくとも日野の設計図では素材精度、加工精度などはJIS規格に基づいて記載されてはいたものの、先方の設計図に比べれば品質管理面の配慮はゼロに等しく、近代的多量生産技術の基本を初めて目にしたと言える。

　また生産技術面では工程設定、工程表、時間設定、技術標準など、いわゆる品質管理の基本にも初めて遭遇したと言っていい。具体的には表面焼き入れ、ギヤの加工精度、特にトランスミッションギヤの騒音管理など、学ぶべきところが多かった。さらに新設の各種専用機に対して、ルノー式の加工ユニットを用いたビルディングブロック方式は大いに参考になり、このため三井精機工業とルノー公団と技術契約を締結してもらい調達した。これは国内各社にも多大な影響を与えた。

4CVは市場から好評を以て受け入れられ「ヒノルノー」と呼ばれ、爆発的な注文を抱えたが、外貨節約の関係で月産は200台と決められ、さらに通産省と折衝の結果300台にはなったが、これは当時の国産他社の半分の生産量で、水を開けられる一つの契機となったことは否めない（口絵P1〜P3）。ルノー4CV（日野PA型）は1953年から1963年まで総計34,853台生産された。

　ルノー4CVの技術は貴重であったが、日野独自の大衆車開発に対して駆動方式をFF（フロントエンジン・フロントドライブ）にするか、RR（リヤエンジン・リヤドライブ）にするかは大いに悩むところであった。その後の歴史を見れば、極く小型のミニカーはRRで、独特な旋回性能を楽しむスポーツカーは別として、それより大きい車はFFあるいはFR（フロントエンジン・リヤドライブ）とするのが通例となった。ルノーもフォルクスワーゲンもRRからFFとなったが、その変更過程では当然悩んだに違いない。ヒノコンマースはRRのコンテッサ900の開発の最中、FFの市場実験を目的として発売した車であった。またサスペンションもトーションバー独立懸架という試みも含んでいた（口絵P4、P5）。当初その車名はコンマースという案であったが、既に商標が存るということでヒノを追加したものである。

　1961年、日野として初めての乗用車PC10型が、コンテッサ（伯爵夫人）と名付けられて登場した。それと同時に小型4輪750kg積みトラック、ブリスカGF10型も同時に発売した。戦後一世を風靡したオート3輪トラックが次第に4輪トラックに移行し始めた時期で、当時、同じ三井系の三井精機工業が3輪トラック、オリエントを生産販売していた。日野は、その販売と共にエンジンの改良など協力もしていたが、ブリスカの発売によりオリエントの生産も終了した（口絵P6、B1〜2）。

　コンテッサ900はルノー4CVのRR方式を踏襲し、従ってそのコンセプトも当然類似のものとなったが、

図3-1-1：コンテッサのエンジン

（左）：コンテッサ900用GP20型エンジン
基本的にルノー4CVのコンセプトを踏襲したオープンデッキ（上部の開いた）クランクケース、ウエットシリンダーライナー（直接冷却水で冷やす挿入型のシリンダー）、アルミシリンダーヘッド。縦型4シリンダー。スロート部（キャブレターの下半分）を鋳鉄にしたキャブレターと、その下に噛ませた大きな遮熱板はパーコレーション防止のためである。パーコレーションとはエンジン停止時、主として排気マニホールドからの伝熱でキャブレター中の燃料が沸騰して吹きこぼれ、エンジンが再始動出来なくなる現象で、この欠点は酷暑時の使用条件によっては最後まで完治しなかった。
ルノー4CVは手動のチョーク（始動時燃料を濃くする装置）であったが、コンテッサは自動にした。排気熱をチョーク弁室に通し、バイメタルを作動させてチョーク弁を開く。

（右）：コンテッサ1300用GR100型エンジン
4CVおよびコンテッサ900で経験したパーコレーションを避けるため、エンジンを排気側に30°傾け、エンジンコンパートメント内の排気マニホールド露出部を極小とし、吸排気マニホールドをクロスフロー、つまりシリンダーヘッドの両側に分けた。キャブレターの暖機は冷却水で行ない、始動時は電気式自動チョークを世界で初めて採用した。オープンデッキは踏襲したが剛性向上のため、日本で最初、世界的にも量産車としてはシムカ、アルファロメオに続く3番目となる5ベアリング4シリンダーエンジンとした。

ボディースタイルは多分にアメリカナイズされた。日野が初めてデザイナーとして採用した新人高戸正徳の基本デザインである。生産設備を極力利用することからエンジンのボアピッチ（シリンダーの間隔）は4CVと同じにし、ボアを広げ排気量もヒノコンマースから拡大して893ccとした。しかし4CVより2割増加した排気量はシリンダーブロックの剛性に影響をおよぼし、剛性不足とみられるオイル消費問題の対策に苦労することとなった。また、角ばったテールのデザインがエンジンコンパートメント（エンジンルーム）にこもる熱量を意外に増加させ、キャブレターのパーコレーション（熱によるガソリンの吹きこぼれ）を誘発した。この弱点は4CVにもあったものであったが最後まで尾をひいた。

コンテッサ900の軽量RRの加速性能と旋回性能の抜群の優位性は曲線コースのレースで俄然その威力を発揮し、第1回日本グランプリで圧勝した（口絵P7）。このスポーツ性能がアメリカのピーター・ブロック(Peter Brock)を魅了し、後のBRE（Brock Racing Enterprise)とのレース契約、さらにジョバンニ・ミケロッティ (Giovanni Michelotti)のコンテッサ900スプリントのデザインにつながった（口絵P8）。

1964年、コンテッサ1300セダン、1965年、同クーペが発表発売された（口絵P9、P10）。ルノー4CV、コンテッサ900と、RRの経験を積み、ヒノコンマースでFFの特性も把握して臨んだコンテッサ1300は、言わばRRの集大成と言って良い。リヤエンジンの場合、車輪の巻き上げる埃の遮断が重要で、エンジンコンパートメントは床部分も囲まれるが、その場合エンジンは、熱害つまりパーコレーションから逃避しなければならない。排気量を増加したエンジンは排気側を下にして30°傾斜させ、吸気と排気を反対側に置く、いわゆるクロスフローとした。排気による吸気の暖気を排し、冷却水による暖気とし、始動時のチョークは世界で初めての電気式自動チョークを採用した。これにより、4CV以来苦労したパーコレーションは完全に征服出来た（図3-1-1）。ミケロッティのデザインは彼としても最高の傑作となり、エレガンスコンクールの名誉大賞はクーペ

図3-1-2：冷却空気リヤ吸い込み
（写真のコンテッサ1300セダンはロンドンの科学博物館蔵）

コンテッサ1300の冷却空気は進行方向とは逆の後ろから吸い込む。サイドに開ける空気取り入れ口のデザインの困難性からだった。このスタイルでは負圧にはならなかったが、ラム圧（空気の当たる圧力）の利用は望めないのでファン損失はそれだけ増える。しかしパーコレーション上からは優位であった。ただし、排気管出口は写真のように左端近くの位置にしないと排気が吸い込まれてしまう。
クラシックカーとしてコンテッサ1300は未だに人気があるが、排気管を恰好良く付けるため車体中央に近付け、オーバーヒートさせている姿は落涙ものである。

とセダンで合計連続5回も獲得するほどであった。しかし、最初の彼の提案では空気取り入れ口の位置と形状に難があり、それを排し、空気の吸い込みは世界に類を見ない後方からとした。風洞テストの結果、幸いにして吸い込み部の負圧はなかったが、排気管の位置によっては排気をエンジンコンパートメントに逆に吸い込むことがわかり、排気管出口位置の選択並びに排気管の設計に配慮した（図3-1-2）。

トリネーゼスタイルと呼ばれた流麗なデザインと高性能により市場の評判は良く、その一方でレース活動も積極的に展開した。日野のレース活動は1962年にF銀行から赴任された宮古忠啓監査役の積極的な働きかけによるところが大きい。彼は長年のヨーロッパ駐在により自動車とレースとの相関を良く認識し、日野として乗用車を企業戦略として育てるつもりなら、スポーティ車をもってそのニッチマーケットで生きるべきと主張していた。そしてコンテッサ1300

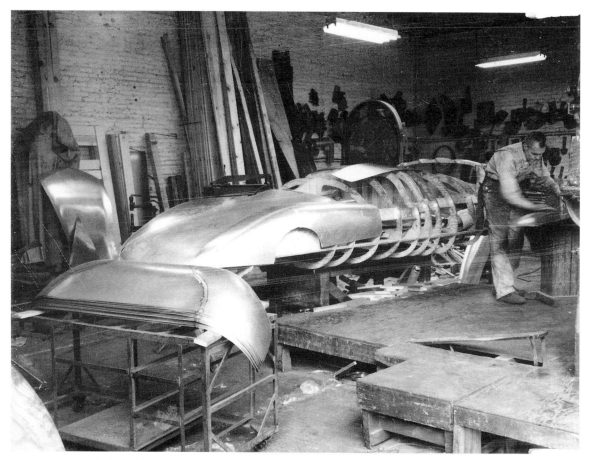

図3-1-3：製作過程のヒノサムライ
トヨタとの業務提携により、日野の乗用車は打ち切られたが、ピーターは黙々とヒノサムライの製作を続行した。ただし、新設計のYE28型レース用エンジンも廃却されたとの事で、クーペ用エンジンをチューニングして搭載した。ボディは鋼管フレームにアルミの叩き出しの外板である。この叩き出し作業は微妙な曲面であり、特にスポイラーの立ち上がり部の叩き出しは真の職人仕事となり、現在では出来る人はいないと聞いた。

クーペを熟成させ、対米輸出の布石の一つとしてアメリカのBREとレース契約を結び、その活動を開始。BREとはレースカーで有名なシェルビー社でフォード コブラを設計し、かつレースドライバーのインストラクターでもあったピーター・ブロックを主幹とする個人企業であった（口絵P11、P12）。宮古の提案もあったのであろう、1965年、レース専任の第3研究部が発足、GT（グランド ツーリング）車のプロトタイプも試作した（口絵P14）。コンテッサを駆ったBREは期待通りの活躍を果たし、一方、日野で再設計のプロトタイプ車も高性能を発揮し、そのレースもほぼ期待通りの成果を上げた（口絵P15、16）。

しかし、コンテッサの市場評価は良かったものの、残念ながら販売数は期待ほど伸びず、1966年の秋、トヨタ自動車との業務提携により、日野は乗用車から撤退することになった。ピーター・ブロックはクーペでのレース活動の傍らGT車の設計製作を提案、流麗なヒノサムライを製作中であったが、この契約も打ち切られた（図3-1-3、口絵P17）。ピーターは契約打ち切り後も製作を続行し、1967年日本グランプリには、はるばるアメリカから個人参加したが、地上高不足による判定で、出場かなわず空しく帰米した。しかし同じく車検で失格とされたローラは出場が許され、後味の悪い結末となり、世間は騒いだ。

一方、次期乗用車として1500cc、1600ccさらに1900ccなどが検討されていたが1500ccで行こうということになり、そのエンジンは先行開発中であった。

さて、アメリカにおいて、RRとして最も大きいシ

ボレー コルベアが1959年に出現、先進的なデザインと空冷アルミエンジンで斯界の注目を集め、かつアメリカ車としては燃費も良く、評判も高かった。しかし1965年、弁護士のラルフ・ネーダー（Ralf Nader）により走行安定性の欠陥車と指摘され急速に売れ行きは落ち、1969年に製造は停止された（図3-1-4）。RRはリヤ荷重が大きく登坂でのコーナリング特性の醍醐味はあるものの、大型の高速走行車では、操縦のくせを飲み込む必要がある。コンテッサ1500ではおそらくFFとなったであろうが、幻として消えた。実はもう一つの幻があった。それはこのコーナリング特性を楽しむスポーツカー、コンテッサ1300クーペGTであった。そのエンジンYE27型（YEというのは試作コード）は第一次性能試験も終わり（80馬力/5800rpm）約20台の増加試作も済ませ、当然ヒノサムライおよびヒノプロトの量産化可能な成果は盛り込まれるはずであった（図3-1-5）。幻の光芒二条を残し日野の乗用車は終わった。

ただ、小型トラック、ブリスカ1300はトヨタブリスカとして生き残り、その後、後述のようにハイラックスに受け継がれトヨタグループの小型商業車として発展を続けた。

尚、ヒノサムライはピーターが帰国後BREの閉鎖と共に、持ち主も変わり、エンジンは当初計画されたYE28型に換装されていた。4番目の持ち主となったロン・ビアンキ（Ron Bianchi）によるものと推定される。YE28型は何者かのつてでピーターが入手していたのであろう。ロンはこのチューンアップをアルファロメオのカムの設計経験のあるイケン・デオチニ（Isken Deozini）に委託、カムプロファイルの変更により高出力化を達成した。さらにサムライのシャシー設計を担当したル・グラン（Le Grand）によりブレーキを大型化、リヤサスペンションも変更され、サムライは強力なマシーンに生まれ変わった。ロンはこれによりその後5年間で"C"スポーツで3回優勝、ベスト5には54回入った。Southeastern Modified Divisionでは大型の生産車も混じり、例えばシボレー コルベットなどとも競合した。その後ロンの仕事の関係でサムライは彼の納屋に放り込まれていたが、再びピーターが買い戻していた。1986年に発見さ

図3-1-4：シボレー コルベア（1969年）(Courtesy of National Automobile Museum 〈The Harrah Collection〉, Reno, Nevada)
写真は最後のモデルチェンジの型であるが、フロントのスタイルはコンテッサと酷似してきた。大出力高速車として走行安定性の欠陥車と指摘され1969年に生産は停止された。このような事件はコンテッサ1500をFFとする動機となるはずであった。

図3-1-5：幻と消えたYE27型エンジン（1966年）
YE28型ヒノプロト用より僅かに早く、本格的スポーツクーペ用として開発に着手した。量産を前提としているので同じDOHCであるが細部はかなり異なる。
ダイレクトアタック（ロッカーアーム無しの直接駆動）DOHC方式を採用したが、これはアルミヘッドの変形を極小とした。後吸い込みの冷却効率を配慮して冷却ファンと水ポンプはエンジンの左に偏芯して配置した。これによりエンジンコンパートメント内の温度もかなり下がることがわかり、スラントエンジンを排し直立とした。またオイルパンはマグネシウム製で地上高を配慮した扁平形であった。
キャブレターは横型で、三国SOLEX40PHHおよび三国BSW40を並行開発、出力は前者、低速ねばりは後者が勝るので、オプション扱いの選択となっただろう。ヒノサムライに搭載が予定されていたYE28型エンジンの供給が出来なくなり（本文参照）、止む無くピーター・ブロックがコンテッサクーペ用エンジンをチューニングしたヒノサムライのキャブレターは上記前者であった。
YE27型エンジン：ボア×ストローク＝72.2mm×79mm、1293cc、80馬力(63.5kW)/5800rpm。

図3-1-6：1986年、行方不明であったヒノサムライが発見された。
BREにも在籍していた鈴鹿美隆氏のつてで案内されたガレージに、傷だらけで横たわるヒノサムライがあった。
（左）は絆創膏が貼られた窓と、空気取り入れ口に貼られた出場レースなどのワッペン。世界初の可動式テールスポイラーの機構がわかる。
（右）は搭載されていたYE28型エンジン。何の損傷も見られなかったが、ロンがどのような状態で、ピーターに売ったかは不詳である。

れたサムライはこの状態のものであった（図3-1-6）。

3-2　トラックとバス

乗用車で培った技術とレースエンジン開発の試練もトラックへ注入

■3-2-1　前2軸車TC型の登場およびキャブオーバー型の普及（1958年〜）

キャブ（運転台）を自製に移行、好調に販売を伸ばす

　1950年代の末になると、長距離トラック便の運行が増え、日野は1958年（昭和33年）、キャブオーバーの前2軸TC10型10トン車を登場させた（口絵D11）。同一全長で荷台スペースが取れるキャブオーバー型が、通常のカーゴトラックにも好まれ、急速に普及してきた。従来、ボンネットトラックのキャブ（運転台）は架装メーカーまかせであったが、自製に移行し、また日野も通常のカーゴのキャブオーバートラックTH80型を1961年に発売し、好調に販売を伸ばした（口絵T1）。日野のボンネットは1971年の輸出向けを主体としたKB型（口絵T5）で新たなデザインに移行、ZM型ダンプにも適用したが、国内向けは全てキャブオーバーになった。その後、新規のボンネット車は2004年に対米仕様車600シリーズとして復活した（後述）。キャブオーバー型は潜在的に乗り心地が不利になるが、後述のようにフルフローティングキャブの開発で一気に飛躍したと言える。

　一方TC型は、より大きな出力が望まれ、既述のようにDS50型7.7リッターエンジンをターボチャージャー（以後ターボと略す）付きとした。しかし7〜8トン車に代わり、本格的に10トン車が主流となって、走行距離も延びてくると、ターボ付きはロバスト性、信頼性の点で不足となり、1962年、自然吸気の大型DK10型エンジンが開発された。今日、ほとんどの大型トラックエンジンはターボ付きで、150万km以上の走行寿命を達成していることを考えると、いささか奇異に感ずるが、それは単にターボとしての進歩以前に基本的にディーゼルエンジンの燃焼室形式が直噴の技術に未達で、副室式（予燃焼室式）に甘んじなければならなかったからである。副室式はどうしても熱負荷（高熱による材料に対する熱応力）が高く寿命は短い。図3-2-1は燃焼室の差によるピストン温度の違いを示した例である。熱負荷はボ

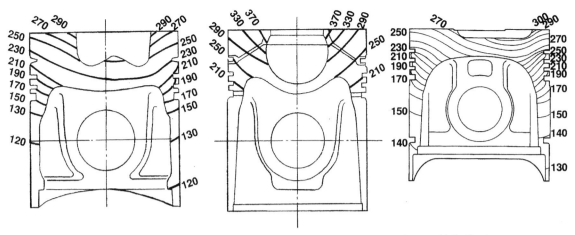

a) 直噴式(ボア, 130 mm)
エンジン回転速度：2400 rpm
負荷：4/4
水温：80℃
(HINO EF100)

b) M方式(ボア, 120 mm)
エンジン回転速度：2300 rpm
負荷：4/4
水温：80℃
(HINO ED100)

c) 予燃焼室式(ボア, 120 mm)
エンジン回転速度：2300 rpm
負荷：4/4
水温：80℃
(HINO EB300)

図3-2-1：燃焼方式の差によるピストン温度の比較
熱負荷の比較として、円筒形のピストンを縦に割った断面における温度分布の比較を示す。各断面の中央の円はピストンピンが通る穴、上部が燃焼室。左端の直噴方式での温度分布は、ほぼ対称でボアが大きいにもかかわらず温度は低い。右端の予燃焼室式では温度は高く非対称で熱変形が大きくなることが容易に想像される。

アの3乗に比例するが、ボアの大きい左端の直噴式と右端の予燃焼室の温度分布および最高温度から熱負荷の有意差が読み取れよう(M方式については後述する)[1-2-4]。

DK10型エンジンをDS型エンジンと対比すると、ボアを大きくし、熱負荷が増加しているが、使用条件も高速連続走行、積載量の増加など苛酷度も増し、信頼性、耐久性に難があった。そこで同じ排気量のまま、全面的に耐久性の向上を図って再設計したのがDK10K型で、1967年にデビューした。DK10K型は、精密鋳造のシリンダーブロック、熱負荷低減設計のシリンダーヘッド、さらにボロン合金のシリンダーライナー、またピストンはニレジストリングキャリヤー（ピストンリングの損耗を低減するためのニッケル合金のリング溝部）などの採用で信頼性は一気に向上した。またターボチャージャー自体も小型高速で高耐久度のIHI製RH09型が登場し、これを装着したDK10KT型、バス用の横型、DK20KT型も完成した(図3-2-2)。バスの車体構造

図3-2-2：DK10T型ターボ付きエンジン（1966年）
自然吸気のDK10型の発売から4年後、高出力の要求に応じターボ付きを開発した。さらにこの2年後、耐久性を一新したDK10KT型に発展する。
DK10T型：ボア×ストローク＝120mm×150mm、10.2リッター、230馬力(169kW)/2300rpm。
DK10KT型：ボア×ストロークは同じで260馬力(191kW)/2300rpm。

はフレーム付きからモノコックボディーとなり、観光および長距離バスは、エンジンを後部に置き、車両

図3-2-3：KM300型3.5トントラック（1963年）
ホイールベース：3300mm。エンジン：DM100型、ボア×ストローク＝90mm×113mm、100馬力（74kW）/3200rpm。

中央床下は増設燃料タンク、空調エンジンなどのスペースとなった。エンジンは横型で、当初はDK20型、後改良型のDK20K型およびターボ付きのDK20KT型である（口絵T3）。

DK10型の開発とほぼ平行して、日野として初めての中型トラックKM300型がDM100型エンジンを搭載して1963年にデビューした。終戦直後は、普通トラックは4トン積みが主流であったが、経済の成長に伴いこれが6トン、8トンさらに10トンと大型化し、一方小型トラックは2トンであったため、この中間として開発されたものである（図3-2-3、口絵T4）。

またDK型とDS型との中間の大きさのEB100型エンジンが1967年、つまり上述のDK10K型と同時に、同じように限界に近づいたDS型の熱負荷を見直して開発された。このエンジンは既述のZM型（8トン）ダンプトラックに、横型のEB200型は路線バスなどに搭載され、長期に活用された。

■3-2-2　直噴エンジンの登場（1967年）

意欲的で実験的な日本初のエンジンだったが、早期退陣の憂き目に

1967年に東名高速道路が開通し、物流が大きく変わり始めた。高速多量輸送の始まりである。これに対応すべく、日野は日本で初めての直噴V8型エンジンEA100型を開発、これを搭載したトレーラートラックHG300型および前2軸のKG300型を発表発売した。

初めてのV型直接噴射EA100型の基本構想は、当時接触のあったカミンズ社に多分に影響された（恐らく売り込みがあったのではと想像される）。カミンズは高速ディーゼルエンジンの老舗で、その主力である列型6シリンダーのNHシリーズは「グレートエンジン」と言われ、アメリカ市場のみならず世界に君臨していた。そのカミンズが1962年当時、V型トラックエンジンのシリーズ（V6のVIM、V8のVINEほか）を出した。これらはガソリンエンジンの趨勢にならって、オーバースクエア（ボアの方がストロークより大きい）であった。このオーバースクエアのディーゼルエンジンにGMやAECなども追随し一種の流行の観を呈した。しかし、燃料噴射圧縮着火燃焼にオーバースクエアはタブーであった（偏平になってしまう燃焼室空間に燃料液滴を均一に分布させるような燃料噴射系のマッチングが非常に困難になるため）。多くの会社が老舗のミスにならってしまい、日野も例外ではなかった。燃焼が荒く、黒煙、始動時白煙が多く、各部の損傷が激しく、苦情が殺到した。一方シャシー部分の駆動系なども高速連続走行に十分に対処出来なかった。意欲的な、しかし多分に市場実験的な新エンジンと共に、かなり前衛的試みの、プレス型を節減した直線的キャブ形状を持った車は、形状については好評であったが、早期の退陣を迫られてしまった（図3-2-4、口絵T6）[1-5-3]。

■3-2-3　本格的中型トラック、レンジャー（1969年～）

ミケロッティの基本イメージをベースにしたデザインが好評を得る

さて、乗用車から撤退した技術陣はほとんどがトラック部門に移籍、昨日までレースエンジンのチューニングに明け暮れていたエンジン屋はいきなりトラックディーゼルに手を付けることになった。単筒エンジンによる急速履修カリキュラムと並行して、新中型トラックのエンジンの開発を手がけた。過酷なレースエンジンの試練と軽量コンパクト化の乗用車で培ったエンジンの設計手法は存分にトラックエンジンに転移され、EC100型として誕生した[3-1-1][3-2-1]。新トラックは家本潔の指示で、総重量8トンで積載量4.5トンを得ようという意欲的なものであった。キャブのデザインはミケロッティの基本イメージをベース

図3-2-4：EA100型エンジン（1967年）
極めて意欲的な設計で、4弁、ローラータペット、ツインスターターさらに完全外部バランスの採用による軽量化などを適用したが、燃料噴射ポンプは予燃焼室式と大差ない噴射圧力しか得られず、燃焼が荒くなり、外部バランスも大型ディーゼルエンジンには不適切であった[1-5-3]。

に仕上げたもので、同時開発の大型トラックとイメージを共通化して市場での存在感を強調しようという狙いの、このデザインは好評であった。走行テストでは、夜間に及ぶとポッと光る大きな車幅灯にドライバーは癒された。試験員たちはこれを行燈(あんどん)と呼んだ(口絵T7、カタログ19)。

この中型車KL300型と共に、同一イメージの大型車シリーズも1969年に続々と誕生した。

中型車用EC100型エンジンは原点に立った基本構想が効を奏し、その後一斉に他社がこのクラスに参入したが、その競争に対応して次々のパワーアップに耐えた。1968年の120馬力が、1986年にはターボ インタークーラーにより240馬力に到達した。ターボがまだ未熟の時代、パワーアップは排気量の増加が前提となるが後述のようにその工夫が限界となる。1977年、EL100型、185馬力エンジンを中型車用として開発した。しかし、実際に車載してみたものの、危惧された通り中型車には大き過ぎ、大型車には小さ過ぎ、失敗に見えた。しかし、これは後述のように汎用エンジンとして活路を見出し、さらにEM100型エンジンとしても大成し、この横型EM200型は路線バスの主力エンジンとなり後年のハイブリッドエンジンの母体ともなった。

また、このEL型エンジンをベースとして、世界初のダウンサイジングエンジンEP100型エンジンが1981年に生まれ、さらに発展して2007年、次世代のダウンサイジング、A09C型エンジンへとつながるのである。

■3-2-4 赤いエンジンの登場(1971年)

人呼んで「飯を喰わない力持ち」

既述のように、1967年に華々しく登場した日本初の直噴エンジンは、残念ながら不評に終わってしまった。起死回生を期して徹底的にトラブルの原因を究明し、全くの新V8型エンジンを設計した。この設計評価をオーストリアのAVL(ハンスリスト内燃機関研究所)に委託することになり、設計図の長い紙筒を抱えた技術員がオーストリアに飛んだ。その結果、全体の設計は合格したものの、クランクシャフトベアリングの

図3-2-5:MAN社M方式を採用したED100型エンジン(1971年)
予燃焼室式のDK100K型エンジンをベースにM方式を適用した。右下に見える四角の箱は慣性過給として必要なベッセル(容器)で吸気マニホールドにつながる。MAN社からパテントは買ったものの、慣性過給も吸気系も燃焼系なども設計計算基準も実験基準も何も無く、手探りで開発した。「赤いエンジン」シリーズとして展開され、エンジン本体を赤く塗った。

油膜厚さ不足が指摘された。当時、油膜厚さは研究的にその計算手法が学会で発表され始めた時期で、AVLはその計算結果と耐久性との相関を既に把握していた。彼らの先進性に驚いた日野は以後、計測法、燃焼研究なども含め、多くの協力を得た[3-1-1]。

V8型はEF100型280馬力(206kW)と、トラクター他の大型車用のEG100型305馬力(224kW)さらに高速トラクター トレーラー用としてターボ付きのEF100T型350馬力(257kW)の3機種を開発(口絵T8)、また、それより一まわり小さい6シリンダー直噴エンジンとして、ドイツのMAN社のM方式を採用したED100型260馬力(191kW)も同時開発した。M方式とは図3-2-1に示したような球状の燃焼室の壁沿いに燃料を噴射し、その蒸発した燃料蒸気に着火させるという独特の燃焼方式で、燃費はほぼ通常の直噴並みで、燃焼騒音が極めて静かというものである。未知のM方式の導入には大変な苦労をしたが、ED100型エンジンとして完成した(図3-2-5)。

この直噴シリーズ4機種を1971年、一斉に発表発売した。日野自動車は大いに意気が上がり、「赤いエンジン」と名付け、シリーズとして展開した。その燃費、信頼性さらに耐久性の優位性が市場で評価され、シェアは一気に上昇した[1-2-4]。特にM方式

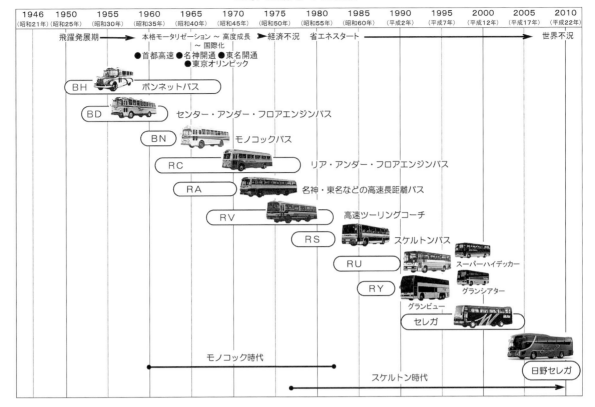

図3-2-6：観光バスの発達（1950年〜）
いわゆる観光バスは床を低くするためフレームを曲げ、その上にボディーを架装したボンネット型から始まった。その後、ボディー構造は航空機の機体構造と類似のモノコック構造となり長く使われたが、1977年に日野は外面に出っ張るリベットの無いスケルトン構造のRS型を発売した。スケルトン構造とはスチールパイプによる籠型の箱に、鉄板を溶接し円滑な表面と共に大きな窓が得られる構造で、ヨーロッパが先行していた。1992年に、日野は画期的な新デザインの観光バス「セレガ」を発売したが、これはデザインを優先しバス構造に初めてトラックキャブにおけるようなプレス鋼板を用いた。2005年、さらに進化したジェイ・バスではFRPの整形部材を活用している。

のED100型は「飯を喰わない力持ち」と言われ極めて評判が高かった（口絵T9）。しかし北海道など寒冷地では冬季の始動性が悪く、また排気臭が強く、これは悪評で、このためバス用として準備中の横型エンジンは開発を中断した。しかし既述のように、バスには、ギャレット製の小型ターボに換装して再チューニングした予燃焼室式DK20KT型エンジンを継続使用した。これは好評で直噴のEK200型エンジンの登場まで長く活躍した。

V8型エンジンは長距離観光バスにも適用されて発展した。当初のEA100型280馬力は1967年であったが、1972年に赤いエンジンEF100型およびEG100型となり、以降後述の観光バスの進化と共にエンジンもV8型の発展型に代わり、1983年にはスケルトン構造の2階バス、グランビューにはEF750T型360馬力が搭載された（口絵T16）。スケルトン構造とは鋼管を接合した箱型のいわゆるスペースフレームに鋼板を溶接して車体を構成するもので、現在のバスはほとんどがこの構造である。1990年には新世代の「セレガ」はF20C型380馬力エンジン搭載となった。図3-2-6にそれ以降も含めた観光バス系の進化を示す。当然ながら一般路線バス、中型バス系の進化もこれにならうことになるが、特に路線バスは低床化、さらに乗降時に車高が下がるニーリング機構の装備などと進化する。

V8型エンジンは1971年にEG100型305馬力であったが、他のエンジン同様、高速化に伴う高出力化の要求に応え、各部位の改良を経て逐一発展した。

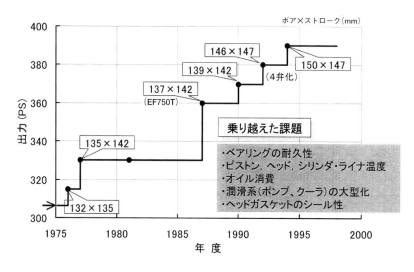

図3-2-7：V8型エンジンの高出力化の推移

どのエンジンも高出力化のための変更を繰り返すが、V8型をその一例として示す。耐久性の課題と闘いながらボア、ストローク（グラフ内の四角囲みの数字）をじわじわ増加させている状況がわかる。

図3-2-7に高出力化の例としてこのV8型の場合を示す。上記EF750T型はその中間過程であることがわかる。一方で大排気量化も志向され後述のようにV10型が登場し、トレーラートラックなど大型車のみならずダンプ車にも愛好されたが、やがてターボ インタークーラーが進歩し、同一排気量での複数馬力も容認され、後述のようにV型エンジンは姿を消すことになる。

■3-2-5　ハイキャブの登場（1971年～）

先進的なハイキャブスタイルに官民を巻き込んだ議論が……

赤いエンジンの登場に合わせて1971年、画期的なハイキャブスタイルのセミトレーラーHE350型およびHE355型（4×2）さらにHE340型（6×4）を発表発売した。（口絵T10、カタログ16）。エンジンをフロアーの下に納め、ベッドを取り付けずBFW（Bumper to Fifth Wheel）の寸法を抑え、全長を最小にするアイデアは極めて先進的であった。1977年には高出力のV10型エンジン（後述）を搭載、単車並みの車両重量当たり出力を誇った（図3-2-8）。しかし、たまたまこの頃、トラックの運転者の視点が高いので、特に左下方の視界が妨げられるばかりでなく、乱暴運転につながり危険であるという議論が起こった。これは、官民を巻き込んだものとなり自動車工業会で相談の結果、試作車を作り確かめようという話にまで進んだ（図3-2-9）。そんなこともあり、このハイキャブのスタイルが、視界が高いというだけで、理非曲直の論議も十分になされたとは思えず、否定され、消えてしまった。如何にも日本的で残念である。以後キャブの高さは設計者自身の呪縛となり、欧州のトラックに比し安全対策に苦労するのである（図3-2-10）[3-2-2]。

1990年、ルノーは「マグナム」という典型的なハイキャブを発売し、斯界の注目を集め「インターナショナル・トラック・オブザイヤー1991」を受賞した（図3-2-11）。基本的なコンセプトはエンジンを床下の別の構造体に納め、その上にキャブを乗せ運転者の乗り心地を向上させようというものであった。HH型、HE型もエンジンを運転者の下に入れる点は同じであり、これと後述のフローティングキャブを組み合わせれば同じ構造となる。もし消えずに残されていれば、というのは妄念（もうねん）だろうか。

■3-2-6　低床大型トラック（1974年）

段ボール箱が一段余計に積めるように

1971年、極めてユニークな大型低床トラックKS300系（8×4）を発表した（口絵T11）。同じ積載量でも、かさの大きな品物の場合低床が必要になる。その要望に応えるため荷台は中型トラック用の16インチタイヤで支え、前輪のみタイヤ荷重の関係から大型車用の20インチタイヤにした。これにより、例えば電気製品の段ボール箱が一段余計に積めるようになり、他社の参入が相次いだ。その後16インチの新タイヤが出現、

図3-2-8：HE526型セミトレーラー用トラクターおよびトレーラー（1977年）
高出力のV10型エンジンを搭載したハイキャブ。第5輪荷重（つなぎ部分カプラーに懸かる荷重）8.5トン、ホイールベース3.2m。40フィートの大きな海上コンテナの牽引時ではGCW（全重量）34トンとなる。
エンジン：EV700型、V型10シリンダー、ボア×ストローク＝137mm×135mm、19.9リッター、415馬力（305kW）/2400rpm。
V10型エンジンは以後逐一出力アップされ1992年には、V25C-2型となった。V25C-2型：ボア×ストローク＝146mm×147mm、24.6リッター、480馬力（353kW）/2200rpm。

図3-2-9：低運転席試作車（1979年）
写真は日野の試作車であるが、同様の車はディーゼル4社（日野、いすゞ、日産ディーゼル、三菱ふそう）およびトヨタも試作した。しかし、果たして安全性が良かったのかどうかは、はっきりしなかった。

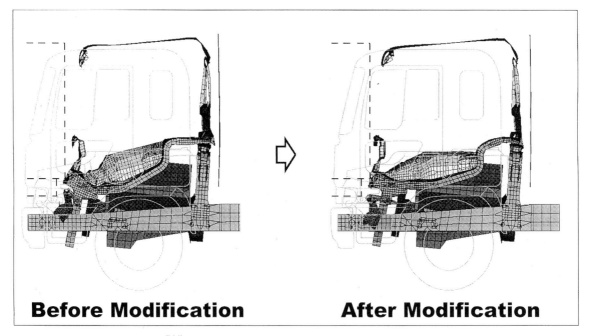

図3-2-10：キャブの衝突安全設計の例(3-2-2)

ドライバーの視点、つまり座席位置を下げると、必然的にキャブのフロワービームは階段型になる。これが衝突すると当然その段部が曲がり、ステアリングコラムが後方にずれ、ドライバーの損傷につながる。フロワービームの形状を工夫しビームの曲がり部を乗員に危害を与えない位置にずらして、安全を確保した場合の計算結果が右図である。ハイキャブならばフロワービームは直線構造となり、安全性の確保は容易である。

図3-2-11：ルノー「マグナム」(1990年)

エンジンコンパートメントを切り離してドライバーの下に置き、乗り心地を優先させた。このコンセプトはヨーロッパの他社にも広がったが、基本的コンセプトは日野のHE型およびHH型と変わるところは無い。HE、HHの発展が中断されたのが惜しまれる。

このクラスのトラックは全輪16インチタイヤとなっている。

■3-2-7　排ガス対策技術HMMSの適用（1975年〜）

懸命な情報収集と解析の末に生まれた画期的燃焼システム

　さて、直噴化の先陣を切って全力投球で送りだした「赤いエンジン」は好評裏に市場に受け入れられていたが、来るべき厳しい排ガス規制に直噴でいけるのか？　という大きな問題があった。難関のNOxを対策するには燃焼温度を下げなければならないが、そうすると黒煙が増加してしまうという問題で、予燃焼室式ならば基本的にNOx排出量が少なく黒煙の増加は無いからである。早とちりという非難さえ聞こえた。懸命な情報収集に走ったが、既述のAVLにおいて、世界で唯一黒煙が増加しない直噴エンジンがあること（シュタイヤ）を発見していた。その謎は、どうやらシリンダーヘッドの吸入空気ポートであるということで、交渉を重ね、ポートの購入に成功し、その解析に没頭した。その結果達成したのがHMMS（Hino Micro

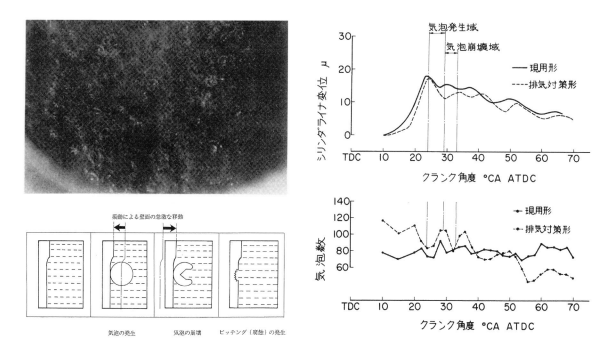

図3-2-12：シリンダーライナーのキャビテーション損傷のメカニズム(高速度カメラによる解析、EB300型エンジン)[1-5-3]。
(写真)：シリンダーライナーの外壁は燃焼圧力変動により振動し、それに伴い、このように気泡が発生し次の瞬間の圧力変化によって崩壊する。
(上図)：気泡が瞬時に崩壊するとライナーは槍の穂先のような水撃を受けピッチング(損傷)を起こす。
(右図)：NOxを低減する燃焼はライナーの振動波形に変化をもたらし、それが気泡発生の量も、崩壊の量も増加させ、ライナーは損傷を受ける。

Mixing System)と名付けられた画期的な燃焼システムで、燃焼時の空気と燃料の混合エネルギーを増加させるポート形状によるものである。このシステムを適用した第1号のエンジンが1975年に発売したEK100型エンジンである[1-5-3][3-1-1]。以後このシステムはバス用も含め日野の全エンジンに適用された(カタログ21)。EK100型エンジンは傑作エンジンとなり以降次々に高出力化した。1991年には世界最高熱効率45.6%を記録するエンジンとなり、さらに1992年、最高出力は385馬力(283kW)となった(口絵T13)。中型エンジンはEK100型よりやや遅れ1977年にEH700型、170馬力で直噴化された[3-1-1]。

難問であった直噴の排ガス対策はHMMSの完成を契機として、その後進展することになったが、それまでは副室式に対しても懸命な追求がなされた。その中で特筆すべきは、排ガス対策によりシリンダーライナーのキャビテーション損傷が急増するという問題であった。つまり排ガス対策に伴う燃焼波形の僅かな変化が思わぬ結果をもたらしたのである。図3-2-12はキャビテーション損傷の原因となるライナー壁面の気泡が、排ガス対策によりその発生も崩壊も急増し、ライナーを損傷する状況を示したものである。排ガス対策も副室式に見切りをつけ、また後日ウエットライナーからドライライナーに変更する一つのきっかけともなった。

■3-2-8 ダウンサイジングの発想と展開、EP100型エンジンの開発(1981年～)

世界初、日本初の新技術を投入して完成

現在、ダウンサイジングという言葉は特に乗用車エンジンで一般化した。つまり出来るだけ排気量の少ないエンジンで高過給し、燃費を向上させるということで、これは既に半ば常識化している。EP100型は最初にこのコンセプトを実現したエンジンである。しかし、EP100型におけるこの発想の動機は、欧米で燃費が良いということでどんどん普及し始めたターボ付きエンジンが、日本では何故燃費が良くならないのか？ 良くするにはどうすれば良いか？ という設問であった。その解は高過給(過給圧力を上げ出力を増す)により排気量を下げ(ダウンサイジング)、その分の

摩擦損失分を稼ぐと共に高過給による効率向上分も得ようとするものであった。従来の出力補完型で推移していたターボをいきなり本格的な高過給化するので多くの困難を伴ったが、電子制御など世界初を4項目、日本初2項目などの新技術を投入して1981年に完成した（口絵T12、カタログ22）⁽³⁻²⁻³⁾。当時世界初の技術のうち、可変式慣性過給も、電子制御式燃料噴射時期制御装置も、今は既に過去の技術になった。それは、これもまた日野が世界で初めて採用した電子式コモンレール燃料噴射ポンプにより、噴射時期、噴射量、多段噴射化が共に自由自在となったからである（後述）。また、同じくトラック用として世界初のバックワードカーブのターボのインペラーも今日では、全てのターボの標準となっている。

さて、ダウンサイジングの効果はユーザーに手渡す前の陸送業者（工場から販売店まで新車を運搬する業者）からの嬉しい電話でもたらされた。燃料が余ってしまうと言うのである。運輸会社のデーターは30％もの燃費向上を伝えてきた（図3-2-13）。このダウンサイジングの技術は、2007年に次世代のA09C型として発展した。そもそもEP100型のベースは中型トラック用として開発したEL100型7.9リッターエンジンを高過給して大型エンジン用としたものであったが、次世代のA09C型も、コモンレール燃料噴射ポンプ、電子制御の拡大などの新技術を適用して、全く同じように中型用J08C型7.96リッターエンジンを高過給し、大型車用としたものである。その経緯を図3-2-14に示す。図に示すように、そのエンジンの起点は1968年のEC100型にさかのぼる。このエンジンの出力アップをシリンダーライナーをウエットタイプ（直接水冷タイプ）からドライタイプ（ブロック挿入タイプ）、さらに薄肉化して順次ボアを広げ排気量を増加して対処したが、ついに限界にきて新エンジンEL100型を開発した。しかし中型車としては重量が重く既述のように汎用エンジンとして活路を開いた。この頃からターボ技術が発展し中型車はそれによって大出力化に対処していた。この一見、はみ出てしまったかに見えたEL100型エンジンを一気に高過給し、大型車に適用したのである。

図に示した次世代のダウンサイジングエンジン

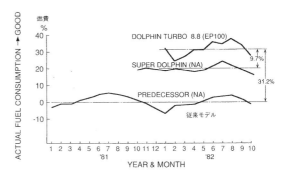

図3-2-13：ドルフィンターボは従来車に比べ30％以上の燃費率向上を果たした
このデータは西濃運輸株式会社の実績であるが、運送各社とも類似の実績を示した。

A09C型の開発については後述する（3-2-18）。

さて、EP100型の成功は多かれ少なかれ各社の追従するところとなり、ターボ インタークーラー（TIと略す）が急速に普及した。TI化で過給度の調整に幅が出来、複数馬力の設定が容易になる。欧米では自然吸気の時代から複数馬力の設定が自由であったが、日本では長い間、タブー視されていた。TI化の時代になってようやくこれが自由になりエンジン機種数の削減が進んだ。図3-2-15はその状況である。

■3-2-9　エアロダイナミクス、「風のレンジャー」、「スーパードルフィン」（1980年～）

新技術満載でトラック輸送に一時代を画す

1970年代末、日野が新たな技術ジャンルとして取り組んだ技術の一つは既述の電子制御の活用であったが、もう一つはエアロダイナミクスの活用、空気抵抗の減少であった。今日では可視化も含めたCFD（Computational Fluid Dynamics）も風洞実験も常識化しているが、当時の取り組みは、まずは風洞実験からであった。その成果を盛り込んだ空力設計キャブの中型車「風のレンジャー」は1980年に、同じく大型車スーパードルフィンは1981年に登場した。

スーパードルフィンは流体力学設計のキャブデザインと共に大規模な新技術を投入した。即ち世界初、日本初を串刺しにしたような既述のEP100型ターボ インタークーラーエンジンの他、キャブ全体をフレームから切り離して弾性支持し、乗り心地を向上させ

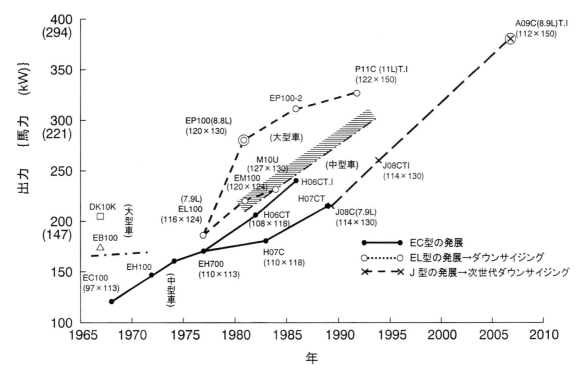

図3-2-14：EC100型エンジンを起点とする出力向上の軌跡

世界初のダウンサイジングの起点はEC100型120馬力（88kW）エンジンであった。同エンジンは出力向上の要求によりウエットライナー（直接水で冷やすシリンダー）からドライライナーにして排気量を増し、さらなる出力向上のため薄肉ライナーにしたが、その限界にきて新エンジンEL100型を開発した。しかし、中型車用としては重量も大きさも無理があり、汎用エンジンに転用され、大いに活路を見出し、さらにバス用として特に路線用としては最適となった。そして、これが世界初のダウンサイジングエンジンEP100型に発展したのである。

後述するように、新世代のダウンサイジングエンジンA09C型エンジンも、中型用J08C型をベースとして変身した。

るフルフローティングキャブマウント、電動式キャブティルト（エンジン部の整備時、キャブを倒す）、経済運転表示装置（ERモニター）などが採用された。特にキャブマウントと電動ティルトの組み合わせは世界的にも例がなく、キャブオーバー特有の乗り心地、整備性の弱点を一気に克服向上させた。

スーパードルフィンの投入により、日本のトラック輸送に確実に一時代を画したと言える。新車投入の役員会議で、あまりにも多い新技術に「もう少し新技術を小出しにして、少し取っておいたらいかがか」という意見まで出された程であった（口絵T14、T15）。

■3-2-10　V10型自然吸気（無過給）エンジンの開発
　　　　（1977年〜）

自然吸気として世界最大の排気量を持つトラックエンジンが完成

年代を少しさかのぼるが、1970年代、トラクタートレーラーの増加と共に高出力化の要求に応え、V10型エンジンの開発が決定した。V10型の問題は1次と2次（それぞれエンジン回転数およびその2倍に相当する振動数）のアンバランスモーメントが出ることである。1次はV8と同じように処理出来るが、2次はバランスシャフトを付けるかあるいはそれ無しで

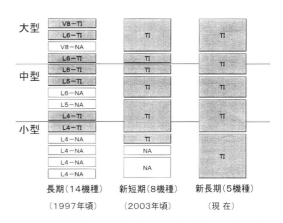

図3-2-15：ターボ インタークーラーエンジンの拡大によるエンジン機種数の削減

いけるか？　という問題になる。それは各シリンダーの着火順序でかなり変わるのであるが、アンバランス量が最も少ない順序はドイツのKHD社にパテントが取られていた。その順序を避けて、いけるかどうかということになり、KHD社に乗り込んで彼等の経験を聞き出すと同時に、既存のV8型エンジンに2次のアンバランスを人為的に付加して走行し、種々検討した。これらの予備検討を経て、1977年、自然吸気として世界最大の排気量を持つ、バランスシャフト無しの415馬力(305kW) EV700型エンジンが完成、重量物運搬用トラクターとして絶対的な位置を占めた(図3-2-8、口絵T17)。

トラクター　トレーラーの運用が増してくるとさらなる高出力が要求され、1987年新たに新設計のV21C型、以降V22C型、V25C型等次々と開発した。

ターボ付きエンジンが発達し、多段トランスミッションが普及してくると自然吸気の重いエンジンは不適となり、後これらはターボ付き6シリンダーエンジンに置き換わった。

■3-2-11　小型ディーゼルエンジンWシリーズ
　　　　　（1983年〜）

ミキサーやダンプ用に最適なエンジンに

1983年、3.5トントラックおよび小型バス用としての小型ディーゼルエンジンの刷新が要求され、それに応えて新たに開発されたのが直噴小型Wシリーズエンジンである。まず4シリンダーと6シリンダーの自然吸気が、以降4シリンダーはターボおよびインタークーラー付きへと発展し小型トラック、バスに広く応用された。特に中型トラックとしてベッドが不要のタイプ、即ちミキサーとかダンプ用のデーキャブレンジャーには最適なエンジンとなった(図3-2-16)。

■3-2-12　クルージングレンジャー（1989年）、
　　　　　新トップマークのライジングレンジャー及び
　　　　　5シリンダーエンジン（1994年）

ルノーにも売られた画期的なデザイン

初めてエアロダイナミクスをベースとした「風のレンジャー」は空気抵抗減少という効果は得られたものの、デザインとしての市場の評価は今一で、販売店からは、「公募したら」などという意見まで飛び出していた。これに対しクルージングレンジャーは見事なデザインに生まれ変わり、1989年に発売した(口絵T18、カタログ24)。トラックのイメージを超脱したデザインは、フランスのルノーから使わせて欲しいという要請があり、これに応じ、ルノーは中型トラックに採用した。

1994年中型車用エンジンは長年活躍したH系から新たに開発した新エンジンJ系にバトンタッチした。

図3-2-16：中型トラック「デーキャブレンジャー」（1982年）
3.5トンクラスの中型車KM型の後継として新しいキャブを開発した。このクラスはベッドの必要が無い場合が多く、「デーキャブレンジャー」と称した。

このJシリーズに初めて5シリンダーエンジンが加わった。5シリンダーでは既述のV10型と同じく、2次のアンバランスモーメントを生ずる。これを打ち消すバランスシャフトを必要とするかどうか、それ以外に振動系に問題が無いかどうかということが課題になる。どだいこの程度の大きさの5シリンダーエンジンの実例はほとんど無いが、それを開発したいという提案が若手から出てきた。彼らはプロペラシャフトを含め、多くの組み合わせを試みた詳細な計算を行ない、クランクシャフトのバランスウエイトの不釣り合い合成慣性質量を選ぶことでバランスシャフト無しで6シリンダーにはおよばないが、4シリンダーより不釣り合いの振動を少なく出来ることを示した。さらにトルク変動も回転変動も検討され、議論の結果、5シリンダーエンジンの開発が決まった(図3-2-17)。実際の搭載実験では、やはり若干の問題は出たが、チューニングで帰結、5シリンダーエンジンはターボインタークーラー付きJ07CTI型エンジンとして3.5トンから8トンをカバーするショートキャブ(ベッドの無いキャブ)に用いられた。

この中型車は長らく愛されたウイングマークからHをベースとした新しいトップマークを採用しライジングレンジャーとなって登場したが、この新マークは大型車も含め一斉に採用された(口絵T28、カタログ26)。ウイングマークは1950年のTH型トラックに、言わば何となく用いられ順次リファインされてきた。ブルーリボンバスに大型のウイングマークを付けたが、キャブオーバーのトラック屋が好んでこれを取り付けることから、トラックも含めこの大型マークを採用した。1980年代に、特に輸出部から時代にそぐわないという声が起こり、外部に委託し、種々の案が披露されたが、トラック屋のみならず、東南アジア地区ではウイングマークは絶対の評判を取っており、なかなか決まらなかった。1994年にやっと決定したが、工販の役員全員の賛成を得られたものではなかった。しかし、実際に街を走りだしてみると、その評判も尻上がりに良くなり、Hのトップマークは、いまや21世紀の日野のシンボルとして定着した。

■3-2-13　大型観光バス「セレガ」(1990年)

三次曲面構成デザインで従来に無いバス空間を実現

従来のバス構造に囚われず、スタイル優先としたため、完成時コスト過剰となり、開発部隊は大目玉を食らう羽目になった。設計時の評価不足という基本的な失態であった。設計の基本に帰りほとんどを再設計した。手間暇のロスは生じたがその甲斐あっ

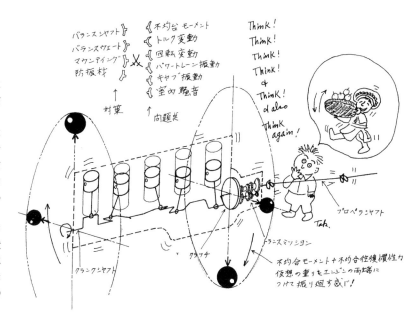

図3-2-17：5シリンダーの振動
4ストロークサイクルの5シリンダーエンジンでは、その前後に図のような前と後で位相が逆になる重りを付けて、これをエンジン回転数の2倍で回すような振動が出る。またこの重りの大きさは図のようにエンジンの上下と左右で変わり、あたかも楕円軌道を時々刻々、重りの大きさを変えながら回る状態となる。
クランクシャフトに付けるバランスウエイトの位置、大きさでこの軌道の状況は微妙に変わり、それを上手く選べば、この振動を打ち消すための大きなバランスシャフトは付けないで済むのである。

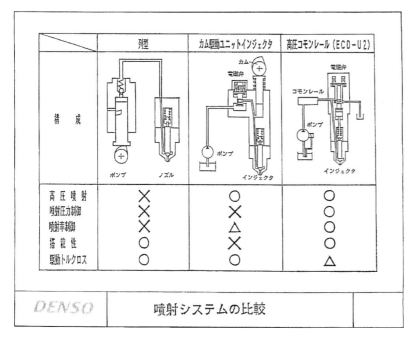

図3-2-18：ユニットインジェクターに替えてコモンレールにしましょう、というデンソーからの提案書

コモンレール方式とは右端の図のように高圧ポンプで加圧した燃料をコモンレールと称する棒状の容器に送り、そこから電磁弁により噴射の時期、量、回数、噴射の仕方などを自由に決め、排ガス、燃費などを左右する燃焼制御を司る方式である。

て、内外装共スタイルを損なわず三次曲面構成のデザインマインドを形とし、従来に無いバス空間が実現出来た(口絵T19)。

■3-2-14　スーパードルフィンプロフィア(1992年)

輸送文化向上の要請に最新技術で応える

スーパードルフィンの発売後11年目、新たな時代の要請に応えて、輸送文化の向上を社会的使命と捉えてのフルモデルチェンジで、最新技術をその文化向上に捧げた(口絵T20、カタログ25)。

最大の特徴は新デザインのキャブで、空気抵抗係数の従来よりも大幅な低減(0.48→0.46)による燃費改善、空気ばねのキャブサスペンションによる低騒音、乗り心地の改善および車間距離警報装置など安全性の向上であった。

■3-2-15　コモンレール燃料噴射ポンプ(1995年〜)

1980年代から研究を続け、ついに世界初でエンジンに装着し発売

排ガス規制の強化に伴う燃焼改善の中で、燃料噴射圧力は次第に増加させていた。つまり燃料噴射圧力の増加は燃焼改善に必須の要件に見えてきたのである。この趨勢を察知し、1980年代からその圧力増加に耐えるユニットインジェクターの研究を日本電装(現デンソー)と共同研究を開始していた。最初の試作ポンプU1型のさらなる多様性と形状寸法の小型化を要求しているうちに、電子制御によるコモンレール方式のU2型の提案を受け、高圧噴射の実験を行なった結果、煤の低減が目覚しいことに驚愕した。図3-2-18はデンソーからの当時の提案書である。

たまたま通産省の指導で、業界の共同研究会社設立の動きがあり、1987年新燃焼システム研究所(ACE)が設立された。これを機に、目標圧力を300MPaとし、共同で研究した。一方日野としてはこの量産化を推進、1995年、世界で初めて新型J08C型エンジンに装着、発売した(口絵T22)。

このJ型シリーズのエンジンは4バルブ、オーバーヘッドカムで、4、5、6シリンダー、自然吸気からターボ インタークーラーまでのシリーズを揃え、145馬力(107kW)〜260馬力(191kW)を網羅した。その後排ガス、燃費規制に対応してシリーズを再整理し、今日では180馬力(132kW)〜270馬力(199kW)の8機種に発展、4トン〜11.5トン車までカバーしている。

特に5シリンダーエンジンは既述のように、その不釣り合いモーメントをクランクシャフトのバランスウエイトの工夫により最少に抑えることに成功し、このク

ラスでは初めての量産となり、バリエーションは5機種におよんでいる。

コモンレール方式はその後一部の輸出向きを除き、自動車用には全てに採用された。

■3-2-16　ショートキャブの充実（1998年～）

総重量の規制緩和により大型車で開発

積載効率の向上はトラックの基本的命題であるが、荷物のパッケージ形体の変化に伴い、積載質量と並行して容積も重視されるようになった。そこで、総重量の規制緩和と共にボディー長を増加させたショートキャブを大型車で開発した。特に前2軸車（口絵T23）では図3-2-19（上）に示すように各軸の荷重配分を最適化し車両総重量を23トンとした。しかし前軸間を広げることにより、空車時のかまぼこ路では、図3-2-19（下）に示すように、2軸目で車両を支えるという状況が生じ、後軸荷重が抜けてスリップしてしまうので、図に示すようなイコライザー機構を設けこれを解決した。1999年にはショートキャブの運転席上にベッドスペースを設けたスーパーハイルーフを発売した（口絵T27）。

中型もモデルチェンジしたレンジャープロに、ハイルーフのショートキャブを設定した（図3-2-20）。

■3-2-17　日野プロフィアのフルモデルチェンジ（2003年）

電子制御の拡大で燃費性、安全性の向上へ

2003年（平成15年）、大型トラック、プロフィアは12年ぶりにフルモデルチェンジした。

運行管理費、特に燃費低減と共に積載効率、荷痛みの防止を考慮した輸送品質、安全性なども向上させた。同時に新短期規制（平成16年）を1年先行して達成し、特にPM（排気微粒子）に対しては新長期規制（平成17年）にも適合させた。既に図3-2-15に示したように、燃費対策を重視し主力エンジンは全て直立6シリンダー、ターボ インタークーラー付きとし、電子制御式多段トランスミッション「プロシフト12」を開発製品化した。これは日本の走行事情から煩雑な操作が

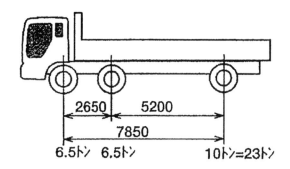

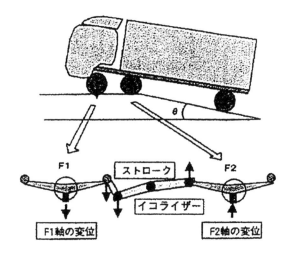

図3-2-19：前2軸車の軸間距離の選択
（上）：各車軸間の距離を選択して総重量23トンを実現した。
（下）：前2軸の軸間距離が広がると図のような、かまぼこ路で2軸目が車両重量を支える状況が起こる。この場合、後軸荷重が減りスリップしてしまう可能性が出る。これを防ぐため図のようなイコライザー機構を設けた。

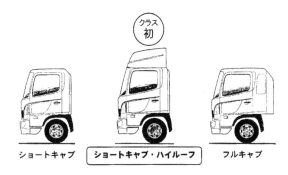

図3-2-20：中型車「レンジャープロ」のキャブ各種
ベッド無しのショートキャブおよびベッド付きのフルキャブに、ショートキャブ ハイルーフが加えられた。これによりキャブ内の移動、着替えが可能となった。

嫌われ、欧米に遅れをとっていた多段トランスミッションを、電子制御によりフィンガーコントロールで実現させたものである。これにより、イージードライブと経済性、さらに疲労度の低減を一気に充足させることが出来た。

2005年（平成17年）には新長期排ガス規制（平成17年）に適合させると共に、電子制御の拡大によってさらなる燃費性能並びに安全性能の向上を図っている。

■3-2-18　次世代ダウンサイジングエンジンの登場（2007年）

世界初の大型トラックでのダウンサイジングのさらなる発展

既述のようにダウンサイジングという言葉は近年乗用車の燃費性能向上の大きな柱として言われるようになった。つまりターボチャージャーの発展に伴い出力性能を上げ、その分エンジン排気量を小さくし、エンジンの摩擦損失分を稼ぐと共に、エンジン質量低減に伴う車両重量の低減で燃費を大幅に改善する方策である。日野自動車は1981年、世界で初めてこれを大型トラックで実施、EP100型エンジンを世に出し、以降P11C型となり順次改善され活躍していたが、2007年に次世代ダウンサイジングA09C型エンジンとして再び飛躍を果たした（口絵T28）。図3-2-14でEP100型の開発経緯について説明したが、A09C型エンジンもやはり中型エンジン用のJ08C型エンジンをベースに開発した。

表3-2-1に新旧ダウンサイジングエンジンの諸元の比較を示す。ターボチャージャーのブースト、燃料噴射圧力および最大爆発圧力の大幅増加で、略同一の排気量で回転数も低下させ、出力は70馬力（52kW）ほど、トルクは3割以上向上させエンジン質量は若干減少している。エンジン質量の低下はトラックの場合、そのまま積載効率の増加につながる。

小型化されたエンジンを高過給し出力を上げれば、当然熱負荷と機械的負荷が増す。このためシリンダー内冷却水のカウンターフローのダブルクーリングジェット、シリンダーブロックのセミオープンデッキ、ピストンの2系統クーリングジェット、パーシャルスティフニングプレート等の構造上の工夫がなされた。燃料噴射系は電子制御コモンレールで燃料噴射圧力は160MPa、これをベースとした多段噴射のチューニングの結果、シリンダー内最大圧力は200barとなった。電子制御は、VG（可変ノズル）ターボ、EGR（排気再循環）バルブの無段階制御、さらに排気後処理装置のDPRクリーナー（酸化触媒と微粒子クリーナーの組み合わせ）の再生（微粒子の燃焼処理）のための後噴射、また動弁機構の作動によるエンジンリターダーの制御など大幅な機能を請け負う。排ガス対策としてはEGRクーラーは高効率の多管式も開発採用した。

■3-2-19　小型トラック　日野デュトロ

5トン車以下の本格的小型車開発へ

日野自動車における3トン積み以下のトラックは、1978年にダイハツ デルタのOEM供給を受けたレンジャー2が最初である。その後、対米活動も含め、トヨタ ダイナとの相互補完も視野に入れた検討も続けられたが、全体として販売も消極的に推移し、シェアも低迷していた。

1999年、新規小型車としてトヨタ ダイナとの整合を図り、かつ積載量領域の拡大も視野に入れ、シャシフレームの大幅な軽量化と共に、強度剛性を強化した日野デュトロを発売した。2004年にはこれ

Down Sizing Engine 新旧

年	1981	2007
型式	EP100	A09C
ボア×ストローク (mm)	120 × 130	112 × 150
排気量　ℓ	8.82	8.87
最大ブースト圧力 bar	2.2	3.2
出力　kW/rpm	210 / 2300	221〜297 / 1800
PS/rpm	285 / 2300	300〜380
トルク Nm/rpm	961 / 1400	1177〜1569 / 1100
燃料噴射圧力 MPa	70	160
質量　kg	862	850
比出力　kW/ℓ	23.8	24.9〜31.5
PS/ℓ	32.3	33.9〜42.8
最大爆発圧力 bar	140	200
最小燃費率 g/kWh	190	—
g/PSh	140	—

表3-2-1：ダウンサイジングエンジンの新旧諸元の比較
大幅な出力アップ、ダウンスピーディングに伴う低速トルクの向上を達成しながらエンジン質量を低減させた。最大爆発圧力は200barに達したが、これは球状黒鉛鋳鉄ピストン、各部の新構造の工夫で達成した。

図3-2-21：N04型エンジン（2004年）
電子制御可変ノズルターボチャージャーにより小排気量エンジンで出力特性を満たし、燃費向上と同時に新長期排ガス規制に適合させた。

図3-2-22：新型デュトロに採用したワイドビューピラーの効果
普通のピラーでは隠れて見えない人物が確認できる。

に搭載する新エンジンN04C型も開発、6速オートミッションを、さらに低床4WDも追加し、シリーズの充実を図った。図3-2-21にN04型エンジンを、表3-2-2にハイブリッド用を含むバリエーションと諸元および採用技術を示す。過去に複数馬力が禁止され、たくさんのボア、ストロークを用意しなければならなかった時代に比べ、多くの複数馬力が欧米並みに可能になったことが実感できる。2007年から運転免許制度が改正となり、従来普通免許で運転出来た車両総重量(GVW) 8トン車は5トン未満の車となり、これに伴って従来のGVW5トン〜6.5トン車の需要が5トン未満車に移行し、5トン車以下の小型トラックが最重要車型となることとなった。これに対して2006年に各部の小変更を実施したが、図3-2-22は新規採用したワイドビューピラーで、従来はピラーの陰にかくれて見えなかった人物が見える状況を示す。

■3-2-20　バスシリーズの充実、コミュニティバスの開発

狭い路地に対応し、高齢者や幼児に優しいバスを

そもそも第二次大戦後、日野自動車はトレーラー

モデル	N04C-TH	N04C-TJ	N04C-TK	N04C-TL	N04C-TN
NOx(g/kWh)［JE05］	1.8				
PM(g/kWh)	0.013				
気筒数－ボア×ストローク(mm)	L4-104×118				
排気量(cc)	4009				
最高出力(kW/rpm)	85/3000	100/3000	110/3000	132/2800	100/3000
最大トルク(Nm/rpm)	284/1600	353/1600	392/1600	461/1600	353/1600
動弁系	4バルブ　OHV				
ターボチャージャ	電子制御可変ノズルターボチャージャ				
EGRシステム	クールEGR				
噴射系	コモンレール				
後処理	DPR				
その他	—				ハイブリット

表3-2-2：N04型エンジンの諸元、バリエーションと採用技術

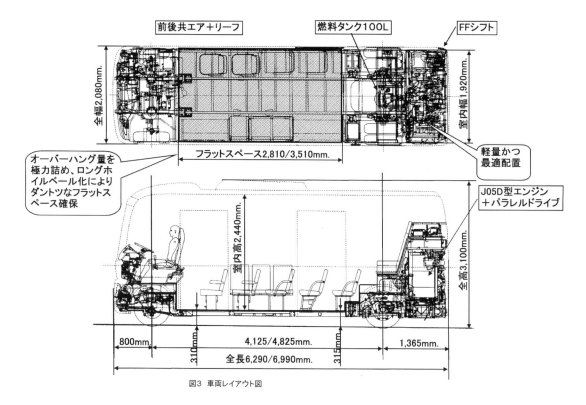

図3-2-23：小型バス「日野ポンチョ」の車両レイアウト
狭い路地を巡り、30人以上の高齢者、幼児も含む乗客を乗せたいという要求に、エアばねとリーフばねを組み合わせたサスペンションを用い前軸を前端に、また横置きエンジンを組み合わせた駆動ユニットを後端に配置し、図のような広いフラットスペースを創出した。

トラックとトレーラーバスによって自動車産業に参入し、既述のように大型バスについては発展してきた。中型トラックの展開と共に中型バスは金沢産業で生産していたが1965年以降、スケルトン化を機に帝国自動車でも生産した。

1975年、金沢産業と帝国自動車は合併、同時に日野自動車の出資により日野車体工業となり、日野のバスおよび一部トラックボディーも生産した。

1985年以降、Wシリーズエンジンを搭載した26人乗りの小型バスAB型(フロントエンジン)、RB、RH型(リヤエンジン)、CH型(ミッドエンジン)さらにリヤエンジンバス、クラス初の大型車並みの高床観光バスも生産した。

1995年以降スタイルを近代化した小型バス「リエッセ」、中型観光バス「メルファ」を発表した(口絵T31、T32)。

2002年、バス専門の製造会社「ジェイ・バス株式会社」が日野自動車といすゞ自動車との折半の出資で設立、両社のバス製造を手がけることとなった。第1作が「日野セレガ」(口絵T33)と「いすゞガーラ」である。

今世紀に入り俄かに需要が増した都市内のコミュニティバスを主目的として2002年、プジョー車をベースとして「ポンチョ」を発売した。それらの実績を踏まえて全く新期に小型ノンステップバスとして、2006年「日野ポンチョ」を発売した。日野ポンチョは、狭い路地を通過し、かつ乗車定員を30名以上求められ、高齢者、幼児も主な対象とするため、図3-2-23に示すように、車軸を前後端部に置き、エンジンをリヤに横置きにし、後軸駆動のレイアウトを採ることでフラットな低床を得た。

日野のバスは、今後、後述のハイブリッドの拡大と共に小型、中型、大型、路線、観光と一層の発展が期待される。

■3-2-21　北米(含カナダ)向け中型トラック

強豪ひしめく市場に真っ向から挑み、商品評価でNo.1を受賞

　北米への輸出は1960年代からの夢で(口絵T4)、1984年にはフロリダ州ジャクソンビルに工場を建設した。しかし、中型車「風のレンジャー」の現地組み立てを開始した途端、為替変動により中止となり、生産車輸出に切り替えられた[3-1-1]。

　以降、中型車ベースにFA型(クラス4)、FB型(クラス5)、FDおよびFE型(クラス6)、FFおよびSG型(クラス7)と品揃えを図り輸出量は漸増した。しかしそのピークは1990年で約2,400台であった。基本的にボンネットタイプ(コンベンショナルタイプ)を好む習慣と、仕様、コストのギャップに阻まれていたと言ってよい。これに対しアメリカ人向けに徹した仕様の北米専用のボンネットトラックの開発が企画された。狙う市場は日野の中型車を基本とするクラス4からクラス7(総重量6.4トン～15トン)を目指した。ケンワース、ピータービルト、スターリングなど強豪がひしめくこの市場に真っ向から挑むため、企画からサービスを含めたタスクフォースを結成、全米、カナダを踏破する走行試験を含む活動の結果、北米専用のボンネットトラック600シリーズを開発、2004年から現地での生産発売を開始した。企画は成功し販売は順調に伸び、2006年度(2007モデルイヤー)では約9,300台に達したが、2008年後半からの景気急後退により販売も一時的に後退している。北米の生産工場はオンタリオ(カナダ)およびウイリアムスターン(ウエストバージニア)の2工場であるが、進出当初はカリフォルニアTABAC Inc.に生産委託した。

　尚、このトラックは商用車部門で2008年にはJDパワーNo.1 (JD社による車の品質、サービスなどの権威ある商品評価)を受賞している。

■3-2-22　安全な車

車間距離を一定に保ちながら走行する装置を開発

　安全は、そもそもの車の事始めから、必須事項である(図3-2-24)。当然、日野自動車も創立時より常に重要基本機能として成熟につとめてきた。交通事故の増加に伴い、世界的に安全性の強化活動が動き出したのは排気対策と同時期であったが、例えば第1回ESV(Experimental Safety Vehicle)国際会議は1971年に開かれている。日野自動車が最初の大型車の衝突実験を開始したのは1980年代であった。図3-2-25は当時の人体模型を使った実験の一こまである。図3-2-26に日野自動車の安全性追求の基本思想「CAPS(Collaboration with Active and

図3-2-24：安全はそもそもの牛車時代からの必須要件

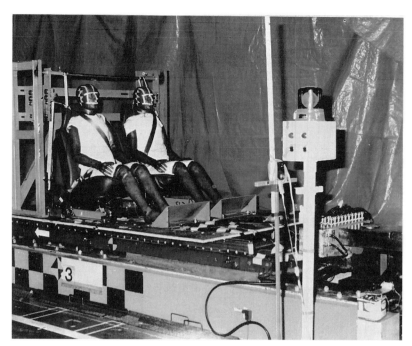

図3-2-25：ダミー人体を使った衝突試験（1980年代〜）
ダミーの構造も年々改良され、精緻な解析と対応技術も進化している。

Passive Safety)」を示す。1、2項が予防安全（Active Safety）、3、4項が衝突安全（Passive Safety）と呼ばれる。

図3-2-27に最近の安全装置の例を示す。ドライバーの疲労軽減を狙ったスキャニングクルーズを世界で初めてプロフィアに実施した（1998年）。スキャニングクルーズとは、先行車との車間距離と相対速度に応じてアクセルとブレーキを自動制御し、車間距離を一定に保ちながら走行出来る装置である。さらに追突時の被害軽減を目的としたPCS（プリ クラッシュ セーフティ）も「世界で初めてプロフィアに実施した（2006年）。これは障害物の検出性能が高いミリ波レーダーで先行車を検知し、追突の可能性をシステムが認識した時点で、音声および軽いブレーキで警報を発し、ドライバーにブレーキ操作を促す。さらに衝突が不可避と判断すると自動的にフルブレーキを作動、急減速させる。PCSは追突事故死者数の60％低減を可能にした画期的なシステムである。VSC（ビークル スタビリティ コントロール）は大型トラクターにおける横転を、内輪の浮き上がりを防止して抑止し、またトラクターとトレーラーの旋回時の折れ曲がり、いわゆるジャックナイフを抑止するものである。この他、図には無いが、タイヤ空気圧モニター、車線逸脱警報装置など率先して新鋭安全装置の拡充を図り「交通事故ゼロ」を目指している。

安全性の基本思想

CAPS (Collaboration with Active and Passive Safety)

1. 事故を起こさないような運転になる自動車にする。
   （0次安全性）

2. 事故を起こさないような機能を持たせる。
   （ブレーキ、ABSなど）
   （1次安全性）

3. 事故を起こしても自分の被害を少なくする。
   （キャブ強度、ドア強度など）
   （2次安全性）

4. 事故を起こしても歩行者等第三者の被害を少なくする。
   （3次安全性）

図3-2-26：安全性の基本思想CAPS
大きく分けて予防安全（Active Safety）の項目1、2と、衝突安全（Passive Safety）の項目3、4とに分けられる。

図3-2-27：日野車の安全装置の例。CAPSに基づく各種装置の実例
（左）：衝突、走行安定性（トラクター）、視界およびキャブの対衝突性。
（右）：視界、対衝突性およびエアバッグ。

3-3 汎用（自動車以外の各種）エンジンとその発展

原点は軍用車の技術を転用した漁船用エンジンの開発

　既述のようにガス電は1917年（大正6年）自動車の製作を始めた。同時に発電機用ディーゼルエンジンの研究も開始していると記録されているが、これはそれだけに終わった。また自動車以外にも鉄道軌道車あるいは路面電車にまで手を出しているが、それらは全て自前で製作し、航空機は別としてエンジンを単体で発売することは無かった。

　自動車用エンジンの単体での商売は、終戦直後、会社存続の危機に直面していた日野自動車（当時の日野産業）がもしかしたら自動車製造業として最初であったかも知れない。軍用車の技術の中ですぐ民間用に転用出来る96式牽引車用DA54型エンジンを、アメリカ軍が持ち込んだGMグレイマリンエンジンを参考にして漁船用に改め、1948年に発売を開始した。それは、戦争により日本は漁船の1/3を喪失、一方、食糧危機で漁獲の充足が切実であった社会事情を踏まえてのアイデアだった。これが日野自動車としての汎用エンジン事業の原点である。

　以来、自動車用以外の用途のエンジン、つまり汎用エンジンの事業は今日まで連綿としてつながっており、トラック、バスと共に世界各国に展開されている。

　汎用エンジンの用途は実に多岐にわたっているが大きく分けて図3-3-1に示すように、建機、産業用、農機および船舶用で、日野自動車の全ての大きさのエンジンがその対象となり、かつ全てが用途に応じた使用条件に対して設計変更が必要とされる。例えば沿岸漁業用の漁船の例では夕刻一斉に出発し、良い漁場を目指して一目散に全力で飛ばす。エンジンは全負荷フルスピードで、船はまさに魚雷艇のように水しぶきと風圧で、とても立ってはいられない。漁場に着くや否やエンジンはアイドリングで運転し一晩

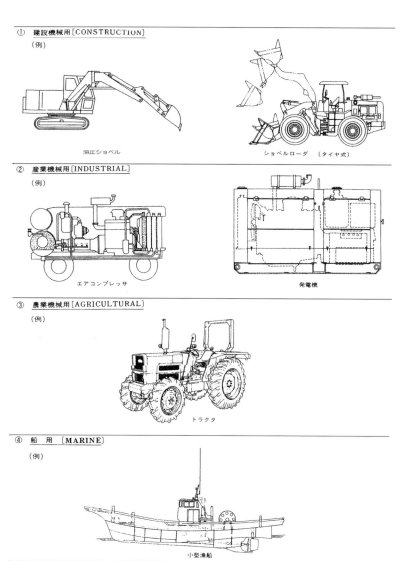

図3-3-1：汎用エンジンの用途
図示のように大略は4種類に分類されるが、除雪車、降雪機と、それぞれの分類の中でも種類は多様化している。

中、船が波に流されず定位置に留まるような制御をしなければならない。夜が明けても、帰港開始のぎりぎりまで粘って漁獲を稼ぎ、さて帰港となると市場にわれ先に届けるため、再び全力で船を飛ばす。全負荷、最高回転と12時間連続のアイドリングとの二極の運転条件は自動車では考えられない過酷なもので、エンジンはこれに応えられる設計に直すのである（図3-3-2）。ショベルでもブルドーザーでもそれぞれ使用条件に応じた設計と出力特性の選択が要る。

以下に、汎用エンジンの出荷が急増してきた1960年代以降の大略の動向をまとめる。

1、1960～1964年頃

1964年の東京オリンピックに向け、高速道路、新幹線などのインフラ、さらに競技場などの整備により建設機械の需要が急増した。エンジンはDS50型、DS70型およびDA59型などであった。

対象はショベル（機械式）、杭打機、クレーン、コンプレッサー、発電機、ブルドーザー、モーターグレーダー、機関車などで、主な納入先は日立製作所、日本車両、神戸製鋼所、新潟鉄工、協三工業、酒井工作所などであった。

2、1965～1974年頃

1970年に大阪万博が開催され、また高速道路や

新幹線も延長され、建設機械の需要は順調に伸びた。特に1964年に、日野初の中型トラック、レンジャー用に開発したDM100型は、このクラスの汎用エンジンの主流が4シリンダーであったため、6シリンダーによる振動、騒音の優位性が評価され、一気に市場を制覇した。

1970年代に入ると機械の油圧化が進み、エンジンも高回転、高出力さらに耐久性の向上が求められるようになった。DM100型の他、DS50、70型、EC100型、EB100型、DK10型、DK10T型が採用された。納入先として、日立建機、岩手富士産業、森藤機械、南星、北越工業などが加わった。

3、1975～1984年頃

1972年に田中角栄内閣が発足、列島改造計画により建設機械の需要は引き続き伸びた。日野は1975年にEK100型、1977年にはEH700型、EL100型といずれも直噴シリーズを整えた。折からのオイルショックで燃費指向が強まり、直噴化が急速に進んだ。既述のようにEL100型は中型車用として開発したものであったが、汎用に転用した結果、特にパワーショベル用としてヒットエンジンとなり、一気に7,500台も売れ、一世を風靡するに至った。

1983年には小型直噴W04D型、W04DT型、W06D型が加わった。

搭載対象としてはホイールローダー、除雪機、削岩機などが、またヤマハ発動機との共同開発契約によりマリン用エンジンが加わり、一方、消防法の改正によって非常用発電機の需要が急増した。

納入先にヤマハ発動機、デンヨー、多田野鉄工、川崎重工、古河鉱業が加わった。

図3-3-2：バランスシャフト付きの漁船用エンジン（日野W04CT型、ヤマハMD380型）

一般に乗用車用4シリンダーエンジンではバランスシャフト付きは多いが、日野の4シリンダーエンジンの中では漁船用だけが採用している。全速走行の過酷さが想像される。下の写真のように、オイルパン内にバランスシャフトが組み込まれ、オイルパンを取り付ければバランスシャフト付きとなる。

エンジン諸元：ボア×ストローク＝104mm×113mm、3.84リッター、102.7kW（140馬力）/3000rpm（マリンギヤ端）。

4、1985～1994年

1980年代後半から1990年代初頭にかけてのバブル景気で車両と共に汎用エンジンも生産が追いつかず供給不足の状況も呈した。また納入先メーカーの海外進出も盛んになり、エンジンのアフターサービスも必須となった。

エンジンとしてはEL100型から発展したEM100型、EP100T型およびH07CT型が（図3-2-14参照）、また納入先では加藤製作所、樫山工業などが加わった。

5、1996年～現在

建設機械にも排ガス規制が導入され1996年には建設省直轄工事にその第一次基準が決められた。アメリカでも同時期にTier 1が、ヨーロッパでは

1999年のStage Iの規制が開始された。これらは年々強化され、今日日本では平成18年規制(2006年)、アメリカTier 3規制、ヨーロッパStage ⅢA規制となっている。エンジンもそれに応じて最新型に逐一更新された。

1999年にコベルコ建機が神戸製鋼から独立、特に日野のターボ インタークーラー付きは標高4000m以上の高地作業で威力を発揮している(口絵E10)。

今後の動向

環境問題は汎用機械にも否応なく降りかかり、自動車と同じように多くの試みがなされている。特にCO_2については、多岐にわたる建設機械全体の中で油圧ショベルとホイールローダーの排出量が、全体の約70%を占めると言われ、この2つが、重点的にハイブリッド化が進められている。既にコマツ、コベルコ建機、住友建機および日立建機など各社は開発を終えている。日立建機は回生型電動ショベルも製造している。油圧ショベルの場合は旋回時のブレーキエネルギーを充電し作動時にアシストする方法で、基本原理は自動車と同じである。またTCMでもハイブリッド ホイールローダー、さらに新型キャパシターを利用したハイブリッド クレーンなどの開発を発表している。これらに限らず他の汎用機械も色々な環境対応型の工夫が図られてくるものと推測される。

3-4 小型商業車の展開（トヨタとの協業）（1967年～）

オート3輪を背景に小型トラック、ブリスカからハイラックス、SUVへ

1961年(昭和36年)、コンテッサと同時に小型トラック、ブリスカも発売したが、その背景は、同じ三井系の三井精機工業が製造していたいわゆるオート3輪(3輪トラックの俗称)を日野自動車販売が扱っていたからである。

オート3輪は明治大正期まで物流の一角を形成していた人間の引く大八車(口絵G16)にエンジンを付けるという発想から生まれたと言われ、1935年頃から盛んに用いられるようになった。驚くことに、一部のオート3輪はスペイン動乱などの兵員輸送にまで使われたが(3-4-1)、終戦後はその軽便さが買われ、戦争中の軍需産業のメーカーも続々と転向し、1955年頃まで日本は世界一の3輪トラック王国と言われた。その中で三井精機もオリエントおよびハスラーの生産を行なっており、既述のように日野自動車もオリエントのエンジン改良などの手助けを行なった。やがてオート3輪は本格的な4輪の小型トラックへと移行していくのであるが、コンテッサ900の発売に合わせたブリスカの登場で三井精機におけるオート3輪の生産も収束した。三井精機のオート3輪の製造元の表示が時代によりしばしば変わり、いささか複雑であるが図3-4-1に示す会社沿革に則った社名変更によるものである。

尚、三井精機とは既述のように4CVの国産化時にも色々と関係したが、同社が第二次大戦中、海軍に納入した魚雷発射用のフリーピストン式空気圧縮機は日野工場の工場用空気の圧縮機として1960年代まで活用されていた。さらにその頃、その1台を利用し、フリーピストンガスタービンの研究も開始したが、幸か不幸か中断してしまった。この方式のガスタービンは1950年代から1960年代にかけて、世界的に注目されGM、フォード、日産自動車、プリンス自動車などで研究開発されていたが、いずれも中断している(3-4-2) (図3-4-2)。

```
（沿革）
1928年12月  津上製作所、東京にて創立、精密測定機器を製造
1937年 2月  東洋機械株式会社へ社名変更
1942年 5月  三井工作機を合併、三井精機工業株式会社へ社名変更
1946年     第1号三輪トラックA型誕生
1950年 4月  企業再建整備法で旧三井精機工業の第2会社、東洋精
            機工業株式会社として発足
1952年 5月  三井精機工業株式会社へ社名変更
1956年     日野ヂーゼル販売株式会社が全国規模発売に着手
1959年 4月  軽三輪ハンビー号の生産に着手
1959年 4月  日野ヂーゼル販売、日野自動車販売へ社名変更
1963年 4月  生産停止、大田区下丸子の東京工場へ業務集約
```

図3-4-1：三井精機工業の沿革（小関和夫『国産三輪自動車の記録』三樹書房　より転載）

現在、工作機械(マシニングセンターなど)、コンプレッサーのメーカーだが、その原点は1928年精密測定機器メーカーとして誕生した津上製作所である。戦後オート3輪に進出すると同時に、同じ三井系ということで日野自動車と設計技術および生産技術の交流があった。

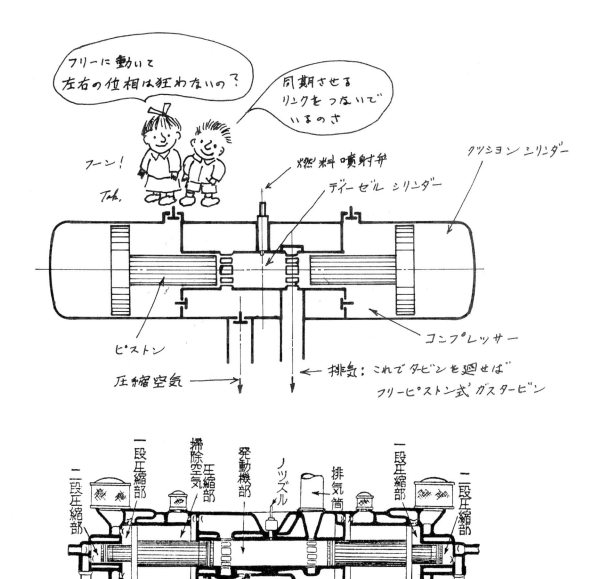

図3-4-2：フリーピストン圧縮機

（上）：フリーピストン圧縮機の原理

原理はフランスの（スペイン人）ペスカラ（R. P. Pescara）が1934年に発明したもので、ユンカース式対向ピストンエンジンのクランクシャフト、コンロッドを外し、ピストンを自由に作動させ、圧縮された空気の反力でサイクルを完了する。その反力で生ずる圧縮空気の一部を次の作動サイクルに用い、残りの圧縮空気を工場用空気などに使用する。これを燃焼器に入れ燃料を噴射燃焼させタービンと組み合わせたのがフリーピストンガスタービンである。（尚、ペスカラは1924年、ヘリコプターのブレードのサイクリック コントロールのアイデアを初めて発想したと言われる）。

（下）：三井精機製7FR50型フリーピストン圧縮機[1-4-4]

ドイツのユンカース社がこの圧縮機の生産を始め、日本では1936年頃、三井精機と神戸製鋼所が生産した。海軍向けの魚雷発射用だった。
ボア×ストローク＝125mm×225mm、前長2500mm、50馬力(37kW)/800往復/分。
クッションシリンダーの圧縮空気の一部を1段圧縮部とし、さらに小径のピストンをつないで2段圧縮機としている。

さて、ブリスカ900はライトバンおよびダブルキャブ ピックアップもあったが、コンテッサ1300と共に発売したブリスカ1300は1トン積みトラックのみとなった。1966年、トヨタ自動車との業務提携の結果、乗用車は撤退したが、ブリスカは折しもダットサン1トントラックの跳梁（ちょうりょう）を横目に、トヨタブリスカとなって、エンジンもパワーアップされ、内装もトヨタナイズされて業務提携の翌1967年、市場に投入された。この年、既にトヨタとして開発途上にあったハイラックスは、そのデザインと設計はトヨタ車体で完了していたが、試作以降は日野自動車が引き継ぎ、1968年には羽村工場で生産が開始され、同年、発売された。

1974年発表の2代目となるハイラックスは、そのスタイルデザインおよびボディー設計、さらに生産まで日野が実施し、以降、数年ごとにモデルチェンジされた。トヨタはカリフォルニアに、主として北米仕様を意識したデザインセンター、キャルティ（CALTY DESIGN）を設置していたが、1978年、カーライク4WDを加えた3代目となるハイラックスを日野のデザイングループからもCALTYに常駐して開発、好評を博した（口絵B6）。

さて、この種の車の使われ方がアメリカの若者の間で次第にスポーツ、レジャー的な方向に向かい、いわゆるSUV（Sports Utility Vehicle）に派生した。ハイラックスについては1984年に生まれたハイラックス サーフ（国内向け車名）、輸出名4Runnerである。日本でも、普段は通勤に、休日はサーフィン、スキーなどにと、アクティブな若者に受けた。この車はトヨタ田原工場および羽村工場で生産されたが2009年に国内向けハイラックス サーフは生産を終了した。この車より一回り大きな、いわゆるフルサイズのSUVとしては2000年以降「セコイヤ」がトヨタのインディアナ工場で生産されている。

ハイラックスはアメリカにおいてはコンパクト ピックアップの範疇であるが、いわゆるフルサイズ ピックアップとしてT100型が1992年に完成、1999年以降はV6型エンジンをV8型に換装、「タンドラ」として今日、トヨタのテキサス工場で生産されている（口絵B10）。

ボンネットタイプの小型トラックは国内ではキャブオーバー型に逐一移行し、2005年6月で羽村工場での生産は終了し、生産拠点はタイに移管された。アメリカに対してはアメリカ専用仕様として、「タコマ」の名前で1995年以来アメリカNUMMIにおいて生産された。NUMMI（New United Motor Manufacturing, Inc.）とはトヨタとGMが合弁で1983年にカリフォルニアに設立した会社であったが、2008年の金融危機の結果、GMがNUMMIから撤退、それに伴い、2010年に閉鎖され、タコマはトヨタのテキサス工場で生産されている。

トヨタ ブリスカに端を発したコンパクト ピックアップは40数年を経て大きく増殖したが、これらの車は羽村、田原、インディアナ、NUMMIさらにドイツのワーゲンで生産され、全ての車のデザイン、ボディー関係の開発に日野が共同で関わっている。

尚、ハイラックス以来、タコマ、4Runner、T100、タンドラおよびセコイヤはJDパワーIQS（Initial Quality Study）のNo.1、No.2、No.3を何度も受賞、正に常勝軍である。

写真で見る日野自動車の変遷③（先進技術への取り組み）

ガスタービン

C1：ガスタービンバス
1968年、日野自動車はトヨタ自動車とガスタービンの共同研究をトヨタの中村健也参与（当時）をリーダーとして開始した。トヨタは高速発電機を直結し、シリーズハイブリッド車を想定した1軸式を、日野はコンプレッサー駆動軸と出力軸を備えた2軸式の大型トラック用のスケールダウンタイプを設計した。
（上）：スケールダウンガスタービン搭載の中型バス（1977年）
屋根の上の大きな2つの口は排気口である。ガスタービンはレシプロエンジンのやがて10倍の空気過剰率で運転される。この多量の排出ガス量も自動車用のガスタービンとしての問題の一つである。
（下）：ガスタービンバスの立会テスト（1975年）
テスト前のブリーフィングで、豊田章一郎副社長（当時）、中村健也参与（当時）、日野からの派遣技術員2名（作業衣姿）も見える。

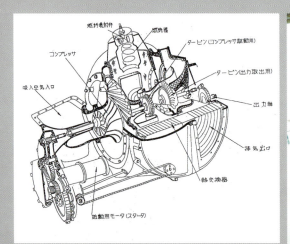

C2：トヨタ日野共同開発のGT-21型ガスタービンエンジン(1973年)(上)と、トヨタ日野共同開発のGT-31型ガスタービンエンジン(1983年)(日野自動車21世紀センター、オートプラザ蔵)(右)
(上)：セラミック製の回転蓄熱式熱交換器を有する2軸再生式。150馬力(110kW)/36000rpm。
(右)：中型車用GT-21型エンジンの研究結果を踏まえ、大型車用としてトヨタが主体で製作した。構造、方式はGT-21型と同じ。330馬力(243kW)/42000rpm。

水素エンジン

C3：水素トラック(水素エンジン搭載冷凍車)(1986年〜)
日野自動車は武蔵工業大学(現東京都市大学)古浜教授に協力して世界初の水素エンジントラックを完成し1986年、カナダでの交通万国博や翌年のSAE(アメリカ自動車技術会)などに出品した。マイナス253℃の液体水素400リッターの燃料タンクを備え、ガス化してエンジンに噴射するが、写真はガス化の際の気化潜熱を冷凍車の冷凍源としたものである(液体水素としてもタンク容量は大きくなる)。さらにこのトラックで箱根登坂テストも行ない十分な実用性も確認された。エンジンもグロープラグ点火から火花点火に変えた第2世代の水素エンジントラックである。

C4:火花点火直接噴射水素エンジン(1986年〜)
ディーゼルエンジンは本来自己着火であるが、水素は自己着火温度が軽油に比べて300℃も高く、それを実現しようとすると圧縮比は約25以上が必要で、また水素用燃料噴射ポンプも超高圧となり、その開発は容易ではない。そのため、このエンジンは火花点火とし、圧縮比も下げた直接噴射水素エンジンである。エンジン上部の6本のパイプで水素ガスが噴射弁に送られる。ベースエンジンはW06D型。エンジン：ボア×ストローク＝104mm×113mm、5.8リッター、圧縮比13：1（ベース17.9：1）、107kw（145馬力）/3200rpm。

C5:「日野リエッセ」水素バス(2009年)
武蔵工業大学は2007年、水素バス製作を企画した。日野の小型バスのJ05型エンジンに対して、従来の液体水素燃料、直接噴射エンジンに替えて圧縮水素燃料、予混合火花点火希薄燃焼方式とし、燃料電池車と同じ35MPaの高圧水素タンクをバスの屋上に配置した。2009年3月には一般道路走行を果たした。ベースエンジンは日野J05D型ディーゼルエンジンである。エンジン：ボア×ストローク＝112mm×120mm、4.7リッター、ベースエンジンとほぼ同等の92kW（125馬力）を得ている。

ハイブリッド

C6：日野HIMRハイブリッドバス（1990年〜）
環境問題のための内燃機関-電気ハイブリッドはこのバスが世界初である。写真（左）は1990年に日本で開催された世界環境閣僚会議に備え、国会議事堂前でデモ走行するHIMRバスである。HIMRとは、Hybrid Inverter Controlled Motor and Retarder Systemの略である。写真（右）は1998年長野オリンピックで選手の送迎に活躍するHIMRバス。

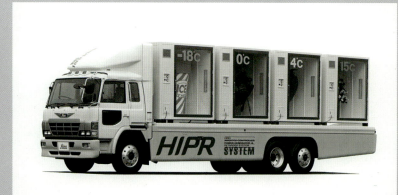

C7：日野HIMRトラック（1991年〜）
ハイブリッドバスと共にハイブリッドトラックも中型、大型共同時に発売した。写真（左）は大型トラックのハイブリッドの応用例として冷凍車に適用したFR型トラック。冷凍用サブエンジンを省き軽量、省エネを図ったもので、特にHIPR（Hino Inverter Controlled Power Generator & Retarder System）と名付けた。写真（下）はFC型中型トラックである。当初はコスト高のため共に販売は伸びなかった。

C8：初代HIMRエンジン（1989年）
ベースエンジンはM10U型、9.9リッター、230馬力（169kW）/2500rpmである。クランクシャフトにモータージェネレーターを直結した。アシスト時の出力30kW、回生時の出力は50kWである。

C9：日野デュトロ ハイブリッド トラック（2003年〜）
日野デュトロ（2トン〜3トン車）のハイブリッドは2003年から発売した。2007年にさらなる性能向上を目指し、モーター、インバーターさらにバッテリーパックを一新し大幅な燃費向上を果たした。特に市街地集配業界における環境リーダーとして、2010年までにおおよそ5,500台の販売を記録した。

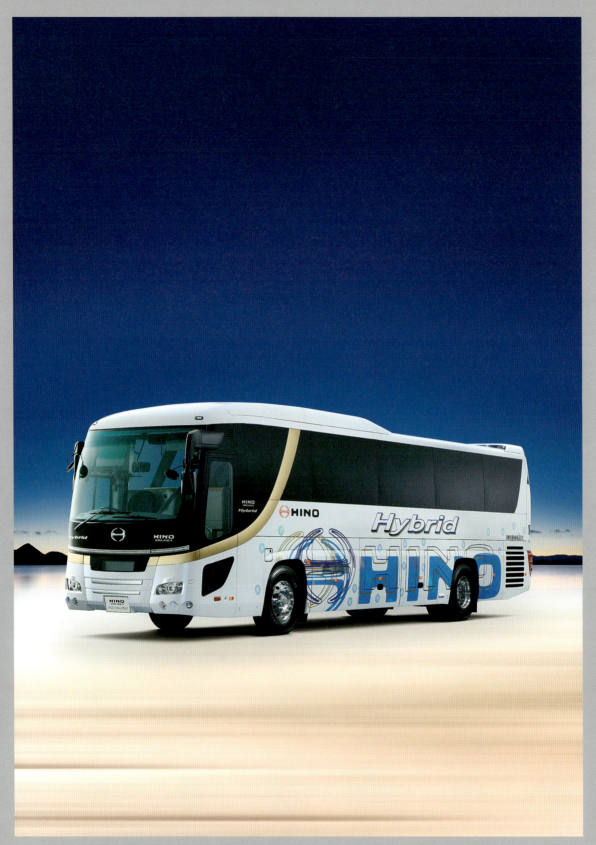

C10：2008年7月、北海道の洞爺湖サミットで活躍する「日野セレガハイブリッドバス」(2008年)
このバスは既に国立公園などで活躍しているハイブリッドバスのモデルチェンジである。エンジンはダウンサイズ型のA09C型を適用した。エンジン：A09C-1M型、8.9リッター、350馬力(257kW)/1800rpm。乗車定員：56人。

C11：これも洞爺湖サミットで活躍する「日野ブルーリボンIPSハイブリッド」バス(2007年)

賓客の送迎は前図の観光系ハイブリッドバスを使用、報道関係者はこのIPSバス(国土交通省プロジェクト、本文参照)を用いた。IPSとは非接触型の充電システムで、路線のターミナルに設けられた外部電源から休息時に充電することにより電動車としての稼働シェアをぐっと拡大したものである。写真の背景は「国際メディアセンター」で報道関係者をホテルまで送迎するため待機しているところ。
ノンステップ低床としたため、従来床下に納めたハイブリッドユニットを小型軽量化して屋根上に搭載、直射日光対策として設定温度以上になった場合、室内冷房空気を導入するダンパーを設けた。エンジン：J08E-1M型、7.7リッター、240馬力(177kW)/2500rpm。乗車定員：75人。

C12：燃料電池ハイブリッドバスの実証試験(東京都)(2003年)

自動車用として使われる固体高分子形の燃料電池のキーポイントはスタックといってイオン交換膜(セル)を積層させたものである。これはバラード社が先行していたが、トヨタ自動車は独自で開発、日野はこのトヨタFCスタックをベースにハイブリッドバスをトヨタと共同開発した。経産省、国交省それぞれ実証研究のプロジェクトと連携を持ちながら、都市バスを開発し東京都バスとして2003年、実証試験を実施した。ベースは日野ブルーリボンシティバス(ノンステップ大型路線バス)。

C13：燃料電池バス(愛・地球博実証試験)(2007年)

通称愛知万博の実証試験に投入したトヨタ・日野共同開発の燃料電池バスで、ベース車両は日野ブルーリボンシティバス(ノンステップ大型路線バス)。全長：10.515m、乗車定員：65人、最高速度：80km/h、燃料電池スタック：90kW×2、モーター：80kW×2、トルク：260N-m×2、水素タンク圧力：35MPa、バッテリー：ニッケル水素電池。

パリダカ

C14：1997年日野レンジャーはパリダカ カミオン部門（トラック部門）で、史上初の総合1、2、3位独占を果たした

C15：ダカールラリーで激走する日野レンジャー（2009年）

日野はパリなどヨーロッパを出発点としたいわゆるパリダカに1991年以来出場を重ねてきたが、2008年はモーリタニアの治安悪化で中止となり、2009年は南米に舞台を移した。アルゼンチンを出発アンデス山脈を越えてチリに入り、アタカマ砂漠を巡って出発点に戻る約9000kmの周回コースとなった。写真はクラス2位に入賞した菅原照仁選手の健闘ぶり、チームスガワラのトレードマーク「鯉のぼり」がアンデスの風になびく。後方にイベコを置き去りにしている。尚、このラリーでは父君の義正選手はフロントデフのトラブルで砂中に埋まりながら完走をはたしている。

第4章
未来と車文化への触手

4-1 ガスタービン

シリーズハイブリッド用、さらにE-REV用として今日も活用の動きが

　航空機用ガスタービン(ジェットエンジン)は第二次大戦時、ドイツのオハイン(H. Ohain)、イギリスのホイットル(F. Whittle)、日本の種子島時休により開発され、それぞれ1939年(昭和14年)、1941年および1945年に初飛行し、以後、小型機を除きガスタービンは航空機用としてレシプロエンジンを完全に追放して定着している。高空を高速で飛翔する航空機には極めて良くマッチし、将来もしばらくは、代替は考えにくい。これに対し自動車用ガスタービンは1950年にローバーが開発(図4-1-1)、以後今日まで大型トラックを含め、極めて多くの試作試行を経て、一部はハイブリッドとして実用化も試みられているが、現状での動きは極めてマイナーである。

　1964年(昭和39年)頃、トヨタ自動車は当時の動静に即してガスタービンの研究を開始していたが、日野自動車は1968年にトヨタとの共同研究開発を開始した。コンプレッサ、タービンおよび燃焼器などの要素部品の基礎研究から着手し、日野は設計、研究員をトヨタ自動車に滞在させた。日野は大型車用を想定し2軸式を、トヨタはハイブリッドガスタービン乗用車として1軸式を担当した。

　日野は2軸式のスケールダウンタイプのGT-11型104馬力(76.5kW)を1970年に試作完了、引き続きその改良型のGT-21型150馬力(110kW)を試作し、共に中型バスに搭載して走行試験を行なった。トヨタ、日野両幹部による立ち会いテストも何回か実施、それなりの成果も披露出来た。さらにトヨタが主体となって大型バス用GT-31型330馬力(243kW)を試作した(口絵C1、C2)。1983年には、これを搭載した大型ガスタービンバスを完成した。このバスは運輸省認証取得を行ない、トヨタ自動車の賓客用送迎バスとして1998年頃まで使用した。

　自動車用ガスタービンは既述のように世界のほとんどの主要会社、多くの研究機関を巻き込んで精力的に推進されたが現状では下火で、全盛を誇る航空機用、軍艦用、発電機などの汎用(コンバインド)と対照的である。その衰退の原因はいくつもあるが、基本的に数千ないし数万馬力を指向する航空レシプロエンジンでは、その重量複雑性が限界にきていたのに対し、せいぜい数百馬力の自動車用レシプロエンジンは重量も複雑性も問題は無く、排ガス騒音問題も逐一解決されて定着している。これに対し、連続流体機械であるガスタービンは小型になると、流体力学的に不利となり、特に普及を阻んだのは加減速が多く、部分負荷(低速)運転が多い自動車では、CO_2排出量に直結する燃費が悪いことである(図4-1-2)。ただし高速高負荷点に限れば燃費はレシプロエンジンに比肩しうる水準、あるいは凌駕し得る水準も狙え、シリーズハイブリッド用として

図4-1-1：世界初のタービン乗用車ローバー(1950年)(Courtesy of the Science Museum, London)
ローバー75サルーンをベースにローバー2軸T-8型タービンエンジン搭載の2人乗り。全長の約半分つまりシートの直後までエンジンが占め、トランクの半分は燃料タンク。燃費は4mile/gallon (1.36km/ℓ)、最高速度243km/h。エンジン：200馬力(147kW)/40000rpm、全減速比22.75。

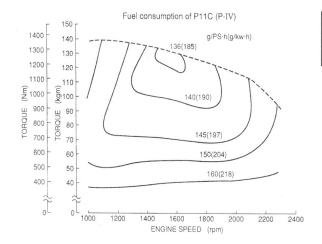

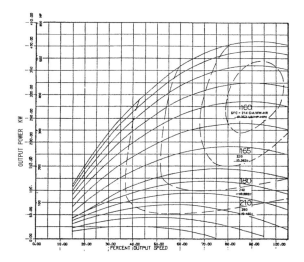

図4-1-2：ディーゼルエンジンとガスタービンの等燃費線図の比較（1990年代）

自動車用としてほぼ最高燃費率の325馬力（240kW）ディーゼルエンジン（上）とおそらく最高燃費率と思われる400馬力（294kW）級ガスタービンエンジン（下）との比較である。大略20～30%程度の差であるが、最小燃費の点はガスタービンでは最大出力点近傍、ディーゼルエンジン（ガソリンエンジンでも）では最大トルク点近傍であり、自動車の走行条件はディーゼルエンジンの方が適している。また加速減速の多い自動車ではガスタービンはレスポンスが悪いので全く不利となる。

今日も活用の動きがあり、またマイクロガスタービン（100kW以下）と高速発電機を組み合わせE-REV（本文4-5）の要素としても、検討されている（AEL April 2010）。

4-2 水素エンジン

新世代燃料を思考し、水素エンジンの共同研究を開始

　化石燃料に代わる新世代の燃料として水素に着目し、水素燃料によるエンジンの研究を始めたのは武蔵工業大学（現東京都市大学）の古浜庄一教授である。1970年（昭和45年）のことで、おそらく世界最初であろう。古浜研究室では極めて即物的に次々に実際の車両を製作、着実に成果を重ねており、その車両は乗用車用ガソリンエンジンがベースであった。日野自動車はディーゼルエンジンをベースとする言わば水素ディーゼルの可能性について古浜教授と懇談を重ね、協同研究を開始した。1985年頃である。

　しかし、ディーゼルエンジンに水素を噴射してみてもエンジンは回らない。水素は軽油に比べ自己着火温度が約300℃高く、そのため圧縮比をディーゼルエンジンの16～18に対し25程度にしなければならず、簡単ではない。一方でその着火エネルギーは1/10と小さく、一度着火すると今度は、その燃焼速度は数倍以上も早い。つまり大変制御し難い特性を持っている。数倍も速い燃焼速度はガソリンエンジンのような予混合燃焼ではバックファイヤーを起こしやすい。つまり燃焼ガスが吸気管に戻ってきて大変危険なことになる。古浜教授はこれに対し水素を直接燃焼室に噴射することで克服していた。

　ディーゼルエンジンは空気を軽油の自己着火温度以上になる高い圧縮比で圧縮し、そこに高圧の燃料噴射を行ない自己着火爆発させ、周知のようにガソリンエンジンより2～3割優れた燃費性能を実現している。水素燃料で自己着火させようとすると上述のように高圧縮比に耐えるエンジンとそれに対応する高圧燃料噴射が必要になり、容易ではない。古浜教授は圧縮比を現状ディーゼルエンジン並み、従って燃料噴射圧力もそれ並みにし、自己着火には固執せずグロープラグで着火させようとするアイデアのエンジンを設計した。噴射弁はディーゼルエンジンのスロットル弁を逆にして水素噴射の作動部に利用し

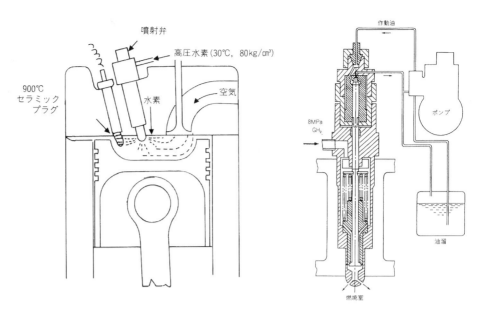

図4-2-1：第1世代水素エンジンの原理と水素噴射弁
ディーゼル燃料に替えて水素を噴射してもディーゼルエンジンは回らない。水素の自己着火温度は軽油よりも300℃も高いからで、何らかの着火源が必要となる。そこで日野の水素エンジンはグロープラグを着火源とした。その後、制御に適した火花点火方式に変更した。左図は当初のグロープラグ点火方式、右図は水素噴射弁で、ディーゼルエンジン用燃料噴射ポンプをそのまま噴射弁駆動用として用い、80barの水素ガスをシリンダー内に噴射する。

た巧妙なものであった（図4-2-1）(1-5-3)。1986年、日野はこれをW04型3.8リッターエンジンに適用し、初めて水素トラックを完成させた。世界初の水素トラックであった。トラックはさらに改良され、航続距離を持たせるため大きな液体水素用の燃料タンクを備え、またエンジンはやはり制御の容易な火花着火とした（口絵C3、C4）。

2007年、武蔵工業大学（現東京都市大学）の中村英夫学長は水素バスの製作を提案した。日野の小型バス「リエッセ」に圧縮水素ガスを燃料とし、吸気マニホールド噴射の予混合火花点火方式を採用した水素バスが2009年に完成、一般道路の走行をはたした（口絵C5）。

予混合圧縮方式は既述のようにバックファイヤーが問題で、例えばBMW社では、これを避けるため噴射弁位置を最適化し達成したとしているが、詳細は不明であった。武蔵工大グループはこれに対し、通常のマニホールド噴射において、ガソリンエンジンでは起こらないバックファイヤーが、何故水素エンジンで起きるのか？ という基本に戻って追求した。その結果、点火後、点火系に残る残存エネルギーが、水素エンジンの場合はガソリンエンジンに比し大きく、これが次サイクルまで残り、着火爆発後の吸気サイクル中のシリンダー圧力が減って混合気の要求電圧値が減っても、その残存エネルギーによって放電し、バックファイヤーとなることを発見した(4-2-1)。

一般に用いられるフルトランジスターのイグニッションコイル二次端子にある高圧ダイオードのため、点火エネルギーがアースされずプラグ、コードに蓄積されるからであった。そこで点火方式をC.D.I方式（Capacitor discharge ignition system）に変え、リエッセに搭載のN04C型ディーゼルエンジンの圧縮比を18から12に、ターボチャージャーも一回り小型のものに換装した。尚マニホールド噴射は天然ガス用の噴射弁を用い、噴射圧力は0.4MPaとした。

この結果バックファイヤーは予想通り退治できたが、C.D.I方式は基本的に放電時間が短いため、過給圧を上げる、つまり空気密度を高くすると失火が起こることがわかった。そこで放電時間を長く出来るイグニッションコイルを選択し（東洋電装株式会社）、これを採用した（図4-2-3）。また、バックファイヤーは燃焼室隙間に前サイクルの火炎が残っていて、こ

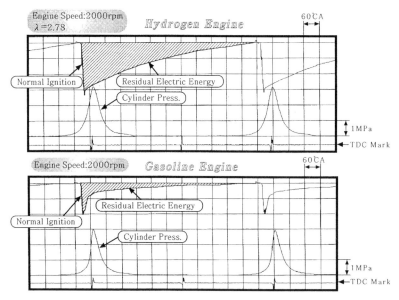

Fig.8 Comparison between Hydrogen and Gasoline Engine Indicator Diagrams

図4-2-2：水素エンジンとガソリンエンジンの残存電圧の比較[4-2-1]

ダイレクトイグニション方式では点火コイル2次側にダイオードがあるため、放電エネルギーはスパークギャップで消費される以外は蓄積される。この蓄積されるエネルギーは図のように水素の方が大きく、次のサイクルまで持ち越される。この大きな残存エネルギーが吸気行程中に放電しバックファイヤーとなる。ガソリンエンジンでは混合気のイオン濃度が高いのでスパークプラグの放電電圧の要求値が低く、その結果蓄積される残存エネルギーも少ない。

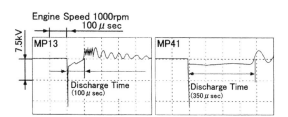

Electrical discharge time of MP13 and MP41 ignition coil

図4-2-3：新C.D.Iイグニションコイルによる放電波形[4-2-2]
新たに選択したイグニションコイルMP41型により放電時間は大幅に増加し、同時に放電波形も変化した。

れが原因となることもあるので、オリジナルエンジンのグロープラグ穴などの隙間を埋めて対処した。

新イグニション方式による対策で、過給圧は150kPaに高められ、その出力は図4-2-4に示すように、オリジナルのN04C型エンジンとほぼ同等となった[4-2-2]。また排ガス特性は希薄燃焼（空気過剰率は約2）により当然ながら後処理装置無しで、ポスト新長期規制に余裕を持って適合出来た。

尚、マニホールド噴射は天然ガス用の噴射弁を用い、噴射圧力は0.4MPaである。

水素供給ステーションも既に首都圏に整えられつつあり、水素エンジンは後述の燃料電池に対して内燃機関という十分に成熟した技術の利用であるので、今後大いに期待出来る。事実ロンドンで

も実稼働のテストが伝えられている（*Professional Engineering*, 28 Jan.2009）。

尚、この貴重なマニホールド噴射水素エンジンを搭載したバス、日野リエッセは約1万kmを走破したが、その実用性の確認を待っていたかのように生みの親、瀧口雅章教授は、突然逝去されてしまった。氏は日野自動車時代のエンジン仲間でもあり、故古浜教授の愛弟子でもあったが、斎場の広場に置かれた水素バスと彼の新旧の仲間たちに見送られて旅立った。冥福を祈るものである。

4-3　ハイブリッド

1991年、環境問題対策として、ハイブリッド車を最初に市場に投入

ハイブリッドとは混種、混血という意味でハイブリットエンジンとは原理の異なる2種以上の原動機を組み合わせたものであるが、今日一般的には内燃機関と電動機の組み合わせを言う。少し詳しくは電気ハイブリッドとも言う。燃費並びに排ガス削減という目的に自動車用原動機として適しており、それが普及したためである。ハイブリッドの発想は古く、1900年にポルシェが完成していたが、その時の目的は動力性能の補完であった（図4-3-1）。今日の環

図4-2-4：水素エンジンの性能⁽⁴⁻²⁻²⁾

ベースエンジン（N04C型）を火花点火予混合希薄燃焼とするため圧縮比を12とし、C.D.Iイグニション方式を採用、150kPaの過給圧を与えた。その結果水素エンジン（N04-H2型）はベースエンジンとほぼ同等の出力性能が得られた。

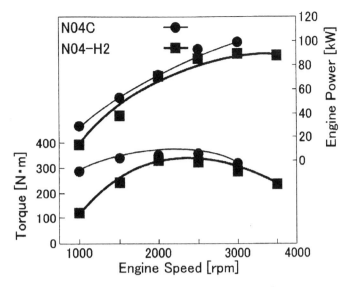

The final performance of developed engine

境問題対策としてハイブリッド車を最初に市場に投入したのは日野自動車で1991年（平成3年）であった（口絵C6〜C11）。

日野におけるハイブリッドの発想は鈴木孝幸（後副社長）がエンジン実験部門に配属されて携わったワードレオナード式といって、吸収動力を自由に制御出来る電気動力計であったという。たまたまダウンサイジング（小容量高過給）エンジン、EP100型の開発中、エンジンブレーキ不足対策の一つとしてこのアイデアを利用した電気ブレーキという案が浮上、一気に開発が加速したと見て良い。EP100型のエンジンブレーキの方は結局ギロチン式と称したスライディングシャッター式の排気ブレーキの採用が決まったが、ハイブリッドエンジンの構想はそのまま環境対策研究として継続され、成功したのである。

フライホイールハウジングに納めるための3相交流機（発電機兼モーター）およびエネルギーをバッテリーから出し入れする役目をするインバーターの開発には非常な苦労を強いられ、東芝、沢藤電気両社の並々ならぬ協力があった⁽¹⁻⁵⁻³⁾⁽⁴⁻³⁻¹⁾。

ベースとしたバスは1985年に開発したHU型路線バスで、エンジンは、中型トラック用として言わば失敗作と述べたEL100型から発展したM10U型である。つまりEL100型は落第生と罵られたが世界初のダウンサイジングの先端エンジンと世界初のハイブリ

図4-3-1：ローナー―ポルシェのハイブリッド車（1900年）（ウィーン技術博物館蔵）

ガソリンエンジンの出力不足を補うためのハイブリッドで、ポルシェのアイデアをローナー社（Jacob Lohner & Co.）が製作した。80ボルトの鉛バッテリーは約3時間もった。前輪のインホイールモーターを駆動した。運転台の後ろに大きな発電機が見える。

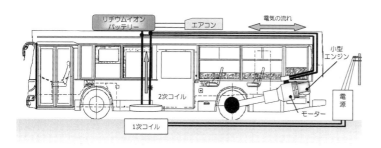

図4-3-2：IPS（Inductive Power Supply System）ハイブリッドバス（国土交通省プロジェクト）の構造
エンジンは小型トラック用のJ05D型4.7リッター132kW（180馬力）/2600rpm、モーターは180kW/2600rpmである。非接触電源の1次コイルは400ボルトで給電時は2次コイルを5cmほど接近させる。

ッドエンジンとして蘇ったばかりでなく、後述の発電機用、マリーン用エンジンとしても1990年代はじめまで活躍したことになる。「ダメ元」と見えてもとにかく作ってみたら他の道が見えたのである。

ハイブリッドバスは環境を特に重視する山岳路を走る上高地、日光さらに立山など国立公園向けとしての要望が多く、これに対処して1997年高出力型ハイブリッドバスを開発した。エンジンはターボインタークーラー付きP11C型310馬力（228kW）を適用し大いに歓迎された。

しかし、一般路線その他への普及は、そのコスト高が障害となってトラックも含め市場への浸透はいま一つであった（口絵C7）。1997年、トヨタはハイブリッド乗用車「プリウス」を開発したが、コストの障害を量産化における目標設定と燃費効率を2倍にするという技術戦略が功を奏し一挙に世界市場を席巻した。これにより、ハイブリットは次世代の自動車用原動機の本命の一つとして認識されるに至った。日野はトヨタの技術（バッテリーを含むパワーコントロールシステム）を流用し、特に都市内走行頻度の高い小型トラック、デュトロ（2003年）、さらに中型トラック、レンジャー（2004年）も発売した。

2007年（平成19年）にはノンステップ都市バスにも応用した。2008年に新鋭A09C型エンジンを搭載した新セレガ（大型観光バス）を開発し、これにも適用したが奇しくも同年の洞爺湖サミットの送迎バスとして共に活躍、列国要人の注目を集めた。

2009年の時点で日野のハイブリッド車はバス、トラックを含め5000台以上の市場実績を記録している。

2001年以降、ハイブリッド車は逐一改良されてきたが、最近のものはニッケル水素バッテリー、永久磁石電動機の他、可変アシスト制御と称しドライバーのアクセル操作に対して不足トルクをエンジントルクで補い、電気のアシスト領域を大幅に増加させ燃費性能のさらなる向上を見ている。

固定した路線のバスを考慮し、国土交通省のプロジェクトの一環として、IPS（Inductive Power Supply System）ハイブリッドと称するバスの開発も実用テスト段階である。東京都内、上高地などの実稼働テストも成功裏に進捗している。図4-3-2に示すように路線近傍に設けた外部電源により、リチウムイオンバッテリーに充電走行し、電気モーターの稼働シェアをぐんと拡大したもので、バスに留まらず次世代の輸送機関として大いに有望に見える（本文4-5）。

4-4 燃料電池

本格的な実用までにはまだ多くの課題が

燃料電池は一般に水素を燃料として電気エネルギーを発生する。このエネルギーを貯蔵したバッテリーによりモーターを駆動する燃料電池車も、従って

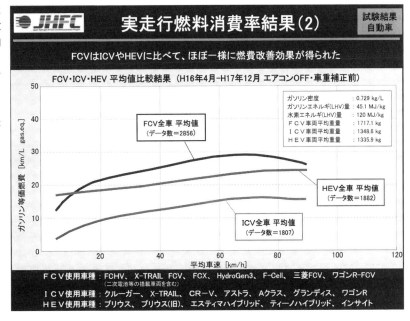

図4-4-1：燃料電池バスの実証試験における燃費比較実験結果(石谷久、JHFC(経産省,Japan Hydrogen & Fuel Cell Demonstration Project)セミナーより)
東京都バスならびに愛・地球博における実証試験はレシプロエンジン(ICV)、およびハイブリッド車(HEV)をしのぎ、共に明るい結果を示した(データーは軽油換算の燃費)。

ハイブリッド車であるが便宜上節を別にした。

燃料電池を動力として実用したのはベーコン(F. T. Bacon)で1959年(昭和34年)、フォークリフトなどに使える5kWのものを製作した。これが宇宙開発に適することからNASA(アメリカ航空宇宙局)が取り上げ、実用化の可能性が明らかとなり、1993年にバラード社がバスを開発した。化石燃料の限界が囁かれ、次世代の燃料として水素が注目され、以後多くの企業が水素を燃料とする燃料電池を適用したハイブリッド車の研究開発を手がけて今日に至っている。

燃料電池にも色々種類がある。自動車用としては固体高分子形と呼ばれるものが適しているとされるが、その他の型式の適用も試みられている。トヨタとの共同で開発したハイブリッドバスも固体高分子形のトヨタFCスタック(イオン交換膜)を使用する。この燃料電池バスは2003年以降、東京都バスで実証走行を行ない、さらに2005年には愛知万博(愛・地球博)に供試されたがその成績は図4-4-1に示すように極めて明るいものであった。

しかし本格的な実用までにはまだ多くの問題を抱えているが、まずその本質を概観する。燃料電池は燃焼によって生まれる熱を利用する熱機関ではないが、大きなラジエーターが要る。図4-4-2に示すように高分子形の燃料電池では燃料となる水素とそれと反応する空気を燃料電池のスタックに送る。スタックは数百枚のセルとセパレーターを直列に積層したものでセルは触媒をコーティングするかあるいは触媒層シートを接合した電解質膜(MEA)でその両面がそれぞれ陽極と陰極となる。水素を陽極(アノード)に送ると触媒によりエレクトロンe^-(自由電子)とプロトンH^+(水素イオン)になる。この自由電子が電流として流れて動力となる。一方生成した水素イオンは電解質膜を通り陰極(カソード)に至り、そこで送られてきた空気中の酸素と触媒により反応し水蒸気と熱(反応熱)を生じる。この熱により電解質膜を劣化させない、つまりスタックの耐久性と触媒の活性を保持するため、その温度は約80℃に保ってやらなければならない。ディーゼルエンジンの場合は冷却水の沸騰温度は冷却系を加圧しているので、105〜106℃であり、この沸点を越えないように余裕度を持ってラジエーターの大きさを決めるが、燃料電池の場合は同出力条件で2〜3倍以上の大きさになってしまう。現状ではこれでも数百枚のセルを重ねるスタックの耐久、信頼性の確保は大きな問題である。また航続距離は比重が小さくかつ気体燃料の水素ではタンクの大きさに制限されるので、容器の高圧化その他の対策が種々検討されている。大き

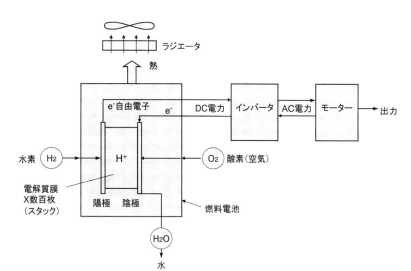

図4-4-2：燃料電池の動力系統図

触媒層シートを接合した電解質膜の陽極に水素を送ると、水素は水素イオン（プロトンH^+）と自由電子（エレクトロンe^-）となる。自由電子が電流として流れ、モーターを駆動して陰極に至るが、水素イオンは電解質膜を通ってやはり陰極に至りそこで空気中の酸素と反応して水蒸気となる。同時に反応熱を発生するが、電解質膜を劣化させないため反応熱はラジエーターで冷やし、約80℃に保つ必要がある。このため燃料電池自動車は大きなラジエーターを搭載している。

な問題のもう一つは触媒用の貴金属の価格で、これに対しても多くの提案がなされている。

東京都、愛知万博（愛・地球博）などでの走行中の車内は極めて静粛であった。問題が解決され本格的な実用が待たれる。

4-5 E－モビリティー（Electro-Mobility）の世界と商業車

電気トラックはいつ復活するか？

1973年（昭和48年）、日野は大型電気バスを作り、それは名古屋市交通局で実際に稼働した。当時の運輸省と通産省のバックアップを受け、モーターは東芝、鉛バッテリーは湯浅電池製であった。しかし一晩の充電で航続距離は50km足らず、バッテリーの交換、充電の手間ひま、バッテリー上がりのリスクなどなどの不評で早々に撤退した[4-3-1]。

しかし、社会は今、E-モビリティー（電気交通網）の構築が叫ばれ、言わば電気自動車のブームの観すらある。電気自動車は200km以上の航続距離を標榜し、あるいはユーザーに合わせる必要距離とプラグイン＋急速充電による解決を指向し、さらに行政によるエコカー減税も適用されるなど、その普及が期待されている。小型乗用車が当然主体であるが、逐一フルサイズカーにも移行していくだろう。そして、EV（電気自動車）として必須と思われるリチウムイオン電池もその安全性に疑念を抱かせたが、例えば負極材質を炭素系からチタン酸リチウムに替えて解決し、その充電時間も最高の条件では5分で90％充電が可能との報告もある[4-5-1]。パワー貯蔵器であるキャパシターとバッテリーを組み合わせた新しい電池の開発、さらにモーターの進歩も目を見張るものがある。

では、大型長距離トラックは？　ということになる。純粋のバッテリー車（BEV）は近未来では無理だろうが、いわゆる航続延長型EV（E-REV Extended-Range Electric Vehicle）としてダウンサイズディーゼルと組み合わせたハイブリッドとすれば、その可能性はどうであろう。ダウンサイジングも進歩し、乗用車では100馬力（74kW）/ℓが今や普通である。4リッターのエンジンで400馬力ということになる。しかし、大型トラックでは耐久性が到底保てないということになろうが、エンジンは加速減速、急停止、長時間アイドル、急発進、などの繰り返しで急速に劣化するが、高速高負荷、低速低負荷を避けた一定速連続運転なら驚くほどの長寿命になる。そのような運転条件に制御し、バッテリー、キャパシターを有効に使うハイブリッドシステムを構築すれば可能性も見えてくる。

しかしながら、そのバリヤーは極めて高い。原点を復習しよう。バッテリーの非力を内燃機関で補うにしても、それは未だ非力に過ぎる。内燃機関用液体燃料のエネルギー密度は大略13000Wh/kgであるが、リチウムイオンバッテリーのそれは100Wh/kg、モーター・インバーターの効率および減速時の回生エネルギーを見込むと、電気自動車とした場合の必要エネルギー密度は600～700Wh/kgと言われるが、それでも数倍以上の開きがある[4-5-2]。当然コストは問題となる。日野のハイブリッドHIMRは当初、トラックに電車の値段を加算したと揶揄されたが、現在は量産効果などで大幅に低減はしている。しかし初期コストはさらなる低減を求められている。また、インフラの整備は必須である。まずは充電方法について車両側も含めた整備が当然求められる。既述のIPSが良いか、乗用車と同じプラグインが良いかであるが、恐らく乗用車としてのプラグインのインフラ整備が先行するであろうからそれを見据えた計画が必要になろう。いつの将来になるか予測し難いが、電力線通信を利用する室内からの充電とかスマートグリッド(次世代送電網システム)との融合(Grid Integration)は当然視野に入れて検討されなければならない。

また、市場形態の検討(Market Preparation)も欠かせない。すでに電気自動車はカーシェアリングとかレンタカーのシステムの構築とかが自治体などで開始されている。商用車では当然定期路線とか用途別のE-REVの活用のビジネスモデルも検討されなければならない。

路線バスとしては、既述のように日野は国土交通省のプロジェクトの一環として非接触給電(IPS)ハイブリッドバスを東京都、羽田空港で実証試験を行なっており、早稲田大学もNEDO(新エネルギー・産業技術総合開発機構)のプロジェクトの一環として実証試験を行なっている。

さて、電気トラックは1911年(明治44年)にウォーカー(Walker)が3.5トン積みを製造し、30年も稼働した。それから100年経った。次世代のE-REVとしての電気トラックはいつ生まれるだろう。

4-6 パリダカールラリー

初参加で見事に完走、パリダカのジンクスを破る

人間が自然に手を加えて形成してきた物心両面の成果を文化と定義する(「広辞苑」)ならば観客を沸かす自動車レースは自動車メーカーの大きな文化活動である。

既述のように日野は過去に乗用車のレースでは大いに活動したが、1992年(平成4年)、日野自動車創立50周年を機に最も過酷といわれるアフリカ大陸を縦断するパリからアフリカのダカール間のラリー、通称パリダカに参加しようという声が、若手から起こった。莫大な経費が予想され一瞬の躊躇はあったが、二見富雄社長(当時)の決断で1991年初参加した。初参加に完走は無いというジンクスを破り、ドライバーの怪我はあったものの出場車4台は参加車の約半数が脱落する中で上位完走を果たした。翌年も参加して完走、成績は向上したが以後不況のためワークスとしての参加は一時中断した。1996年から再度参加し、1997年には茂森政副社長(当時)を監督とした日野チームは史上初のトラック部門総合1、2、3位を獲得した。

以降、経済状況からワークスとしての参加は再び見合わせざるを得なくなったが、菅原義正、照仁父子をドライバーとするチームスガワラの個人参加をオール日野(各地販売店を含む)が応援するという体制で今日まで継続している。

2008年のラリーはモーリタニアの治安悪化で開幕直前に中止となり、2009年からは南米のアルゼンチン～チリ間の山岳悪路を走破するコースに変わった。チームスガワラは参加以来全ての回で完走を果たし、その中で多くのクラス優勝および入賞を重ねており、日野トラックのPRとオール日野グループのモラル向上に限りない貢献を果たしている(口絵C14、C15)。

尚、2008年には菅原義正は1983年以来25回連続参戦記録によりギネス・ワールド・レコーズにより世界記録として認定されている。

第5章

環境社会、グローバル社会と商業車

5 排ガスのさらなる改善と燃料の多様化

各国の排ガス規制に対応すべく世界十数ヵ国に生産拠点を展開

日本における大都市の大気汚染は、このところ、大幅に改善が進み、2009年(平成21年)ないし2011年に実施されるポスト新長期排ガス規制により、全ての都市で環境基準をクリアすると予測されている。ここに至る過程では度重なる排ガス規制の強化に対応して、日野は多くの独自技術の開発を行なってきた(図5-1、5-2)。しかし、日本を含む先進国においてはさらなる規制強化が検討されており、コモンレール式燃料噴射装置の高圧化による燃焼改善、触媒およびEGR技術の一層の改良、さらに尿素水噴射などが求められている。

また、近年クローズアップされてきたのがCO_2(地球温暖化ガス)の削減問題である。CO_2はガソリンや軽油などの炭化水素燃料の燃焼によって生じ、燃料消費量に比例する。日本では2006年にディーゼル重量車の燃費基準が導入され、このところ先進国は日本にならって燃費基準の設定を検討している。

日野は他社に先駆けてE13C型エンジンでこの燃費基準を達成し、その後、他のエンジンもこれに続いている。今後はさらなる排ガス改善と共に燃費率の一層の向上が求められるであろう。既述のように、この答えの一つはE-Mobility社会への対応を含めたダウンサイジング、つまり同じ動力で、より小さな排気量への挑戦である。エンジン本体の強度アップと過給技術の進歩によって、高出力、高トルクの実現の可否がポイントである。

一方、途上国における大気汚染は、ますます深刻度を増し危機的状況を呈している。排ガス改善には軽油中の硫黄分(S分)の削減が、EGRおよび触媒の採用には必須条件であるが、これらの国々の多くは日本における一世代前(1955年頃)のレベルにあり、その解決は非常に難しいのが現状である。日野の重要な輸出先であるアジア諸国がこのような状況にあり、粗悪燃料に耐え、かつ難しいメンテナンスを必要としない技術をいかに築いてゆくか

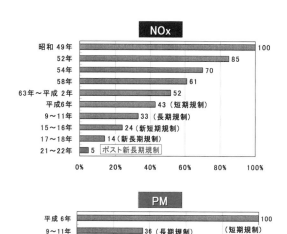

図5-1：ディーゼル重量車(車両総重量3.5トン以上)の排ガス規制強化の推移

(日野大型の例) ◎は日野独自技術

技術名		規制	～長期【～1998年】	新短期【2003年～】	新長期【2005年～】
エンジン本体	噴射タイミング最適化		○	○	○
	特殊鋳鉄ピストン		◎	◎	◎
	コモンレール		◎	◎	◎
	新型4弁ポート		◎	◎	◎
	ホットEGR		―	―	―
	パルスEGR		◎	―	―
	コンバインドEGR		―	◎	◎
	EGRクーラ		―	◎	◎
	可変ターボ VGT		―	○	○
	協調電子制御		―	◎	◎
後処理	DPR(超低PM低減システム)		―	◎	◎
	新NOx触媒		―	―	―

図5-2：日野自動車における排ガス低減技術の経緯(大型車の例)

が勝負どころとなろう。ますます拡大するグローバル化の対応としては、部品の現地調達による材料費の低減、日本からの物流コストの削減、輸入関税の問題などは避けて通れない課題である。また、各国の排ガス規制に対応するためには、先進国とは違った途上国向き仕様の設定も必要となってきている。さらに燃料問題には基本的に化石燃料の枯渇化と価格があり、今後はその多様化が予測される。即ち、バイオ燃料、天然ガス、GTL（Gas to Liquid、天然ガスからの液体燃料）、DME（ディメチル エーテル）などである。国によって燃料の成分、性質も異なるため、その対応は複雑にならざるを得ないが、きめ細かい対応が求められる。例えば原油の供給を海外に依存しているアジア諸国、特にタイ、パキスタン、フィリピン、マレーシア、さらに最近ではインドネシアもCNG（圧縮天然ガス）車の導入を国の政策として推進している（口絵T37、T38）。またタイは椰子からのパーム油および油桐からのジャトロファ油のバイオディーゼル燃料の導入により軽油依存度の低減を目指して燃料供給、インフラ整備などを推進している。2008年度のバイオディーゼル燃料の消費量はインドでは32万kℓ、インドネシア13万kℓ、ヨーロッパ全体で780万kℓ、アメリカで148万kℓとその普及を図っている[5-1]。日本は0.3万kℓといささか出遅れているが、日野は上記アジア諸国を中心にそれぞれの国情に合わせ積極的に対応している。世界の排ガス規制は独自の規制を採る日本を除き、ユーロ規制と米国規制の国々に分かれ国情によりその強化度を変えている。このような状況に対応するため、日野は世界11ヵ国に車両生産拠点を、4ヵ国にエンジン生産拠点を設けている。図5-3に世界の排ガス規制と日野の生産拠点を示す。

2001年、日野自動車はトヨタ自動車の資本を仰ぎ、トヨタの傘下に入った。一体化した体制の下、さらなるグローバル化に向けた発展を期している。

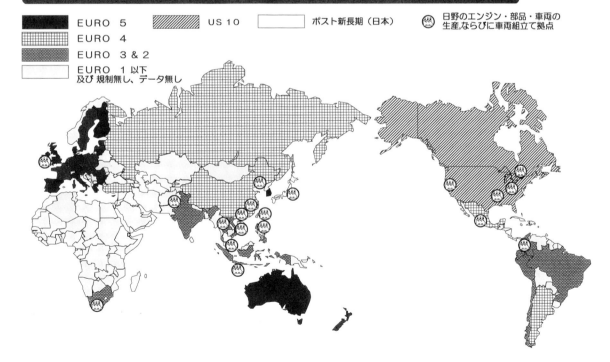

図5-3：世界の排ガス規制と日野の生産拠点
世界の排ガス規制は独自規制の日本を除きEURO規制とUS規制に二分される。日野自動車は、それぞれをにらみながら生産拠点を展開している。

●会社の変遷●

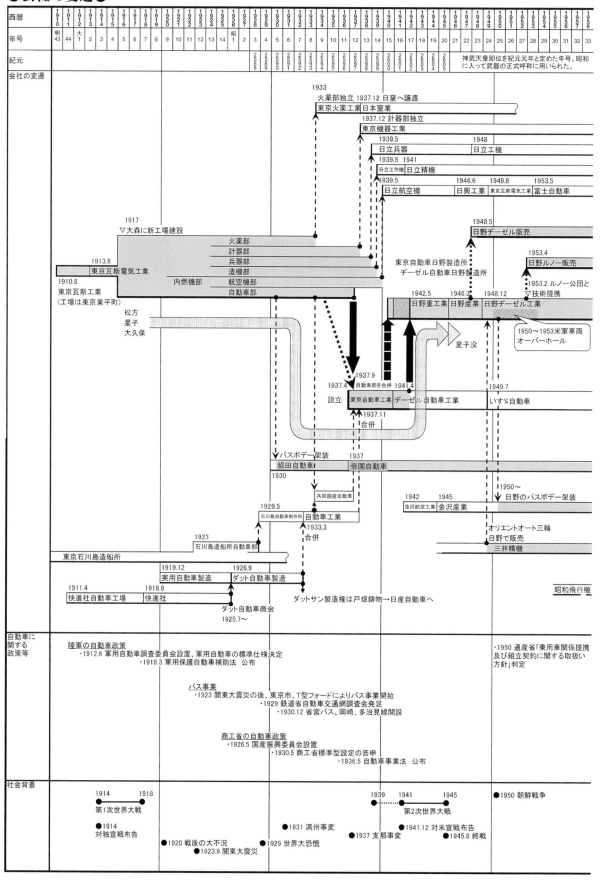

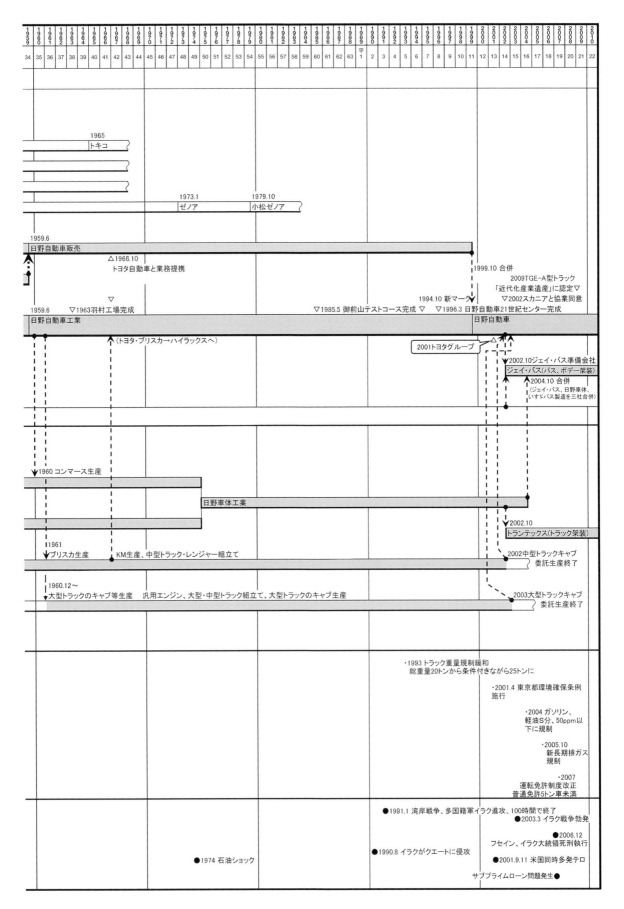

●生産(整備完)台数実績　1946年～2009年(年度)●

	区分	1946年	1947年	1948年	1949年	1950年	1951年	1952年	1953年	1954年	1955年	1956年	1957年	1958年	1959年	1960年
日野ブランド 大中トラ・BUS	国内	53	110	162	231	447	946	1,085	1,721	2,702	2,412	3,024	4,032	3,585	3,981	6,583
	CBU・KD	0	0	0	0	29	2	34	4	111	19	210	280	230	168	304
	合計	53	110	162	231	476	948	1,119	1,725	2,813	2,431	3,234	4,312	3,815	4,149	6,887
	累計	53	163	325	556	1,032	1,980	3,099	4,824	7,637	10,068	13,302	17,614	21,429	25,578	32,465
生産比率	国内向け	100.0%	100.0%	100.0%	100.0%	93.9%	99.8%	97.0%	99.8%	96.1%	99.2%	93.5%	93.5%	94.0%	96.0%	95.6%
	海外向け	0.0%	0.0%	0.0%	0.0%	6.1%	0.2%	3.0%	0.2%	3.9%	0.8%	6.5%	6.5%	6.0%	4.0%	4.4%

	区分	1961年	1962年	1963年	1964年	1965年	1966年	1967年	1968年	1969年	1970年	1971年	1972年	1973年	1974年	1975年
日野ブランド 大中トラ・BUS	国内	9,338	11,197	9,806	15,142	13,210	19,544	25,560	30,051	39,023	47,287	43,025	57,097	69,554	50,288	42,268
	CBU・KD	587	853	1,130	2,164	1,803	2,677	2,673	4,572	5,226	7,649	6,118	7,698	9,629	20,356	17,992
	合計	9,925	12,050	10,936	17,306	15,013	22,221	28,233	34,623	44,249	54,936	49,143	64,795	79,183	70,644	60,260
	累計	42,390	54,440	65,376	82,682	97,695	119,916	148,149	182,772	227,021	281,957	331,100	395,895	475,078	545,722	605,982
生産比率	国内向け	94.1%	92.9%	89.7%	87.5%	88.0%	88.0%	90.5%	86.8%	88.2%	86.1%	87.6%	88.1%	87.8%	71.2%	70.1%
	海外向け	5.9%	7.1%	10.3%	12.5%	12.0%	12.0%	9.5%	13.2%	11.8%	13.9%	12.4%	11.9%	12.2%	28.8%	29.9%

	区分	1976年	1977年	1978年	1979年	1980年	1981年	1982年	1983年	1984年	1985年	1986年	1987年	1988年	1989年	1990年
日野ブランド 大中トラ・BUS	国内	41,088	36,194	44,652	51,721	40,344	34,280	33,653	36,467	39,619	35,572	35,681	48,500	57,996	60,299	60,811
	CBU・KD	17,079	20,882	20,563	19,975	29,925	30,905	22,512	16,502	19,480	34,425	15,523	21,619	25,057	32,997	39,312
	合計	58,167	57,076	65,215	71,696	70,269	65,185	56,165	52,969	59,099	69,997	51,204	70,119	83,053	93,296	100,123
	累計	664,149	721,225	786,440	858,136	928,405	993,590	1,049,755	1,102,724	1,161,823	1,231,820	1,283,024	1,353,143	1,436,196	1,529,492	1,629,615
生産比率	国内向け	70.6%	63.4%	68.5%	72.1%	57.4%	52.6%	59.9%	68.8%	67.0%	50.8%	69.7%	69.2%	69.8%	64.6%	60.7%
	海外向け	29.4%	36.6%	31.5%	27.9%	42.6%	47.4%	40.1%	31.2%	33.0%	49.2%	30.3%	30.8%	30.2%	35.4%	39.3%

		区分	1991年	1992年	1993年	1994年	1995年	1996年	1997年	1998年	1999年	2000年	2001年	2002年	2003年	2004年	2005年
日野ブランド	大中トラ・BUS	国内	58,221	43,413	33,936	49,007	47,763	47,914	42,414	18,775	20,984	23,383	23,495	22,409	36,352	34,656	37,884
		CBU・KD	27,572	33,995	32,641	32,440	31,438	33,609	24,800	13,543	15,355	16,994	18,029	24,156	32,053	38,113	37,448
		合計	85,793	77,408	66,577	81,447	79,201	81,523	67,214	32,318	36,339	40,377	41,524	46,565	68,405	72,769	75,332
		累計	1,715,408	1,792,816	1,859,393	1,940,840	2,020,041	2,101,564	2,168,778	2,201,096	2,237,435	2,277,812	2,319,336	2,365,901	2,434,306	2,507,075	2,582,407
	小トラ	国内	0	0	0	0	0	0	0	0	0	7,737	8,695	10,838	9,779	14,644	15,375	18,520
		CBU	0	0	0	0	0	0	0	0	0	698	722	1,614	2,365	3,212	4,007
		KD	0	0	0	0	0	0	0	0	0	0	0	0	1,850	2,925	2,060
		合計	0	0	0	0	0	0	0	0	7,737	9,393	11,560	11,393	18,859	21,512	24,587
		累計	0	0	0	0	0	0	0	0	7,737	17,130	28,690	40,083	58,942	80,454	105,041
	海外生産	中国	0	0	0	0	0	0	0	0	0	0	0	0	0	0	0
		インドネシア	0	0	0	0	0	0	0	0	0	0	0	0	0	0	0
		合計	0	0	0	0	0	0	0	0	0	0	0	0	0	0	0
		累計	0	0	0	0	0	0	0	0	0	0	0	0	0	0	0
	総合計		85,793	77,408	66,577	81,447	79,201	81,523	67,214	32,318	44,076	49,770	53,084	57,958	87,264	94,281	99,919
	総累計		1,715,408	1,792,816	1,859,393	1,940,840	2,020,041	2,101,564	2,168,778	2,201,096	2,245,172	2,294,942	2,348,026	2,405,984	2,493,248	2,587,529	2,687,448
生産比率		国内向け	67.9%	56.1%	51.0%	60.2%	60.3%	58.8%	63.1%	58.1%	65.2%	64.5%	64.7%	55.5%	58.4%	53.1%	56.4%
		海外向け	32.1%	43.9%	49.0%	39.8%	39.7%	41.2%	36.9%	41.9%	34.8%	35.5%	35.3%	44.5%	41.6%	46.9%	43.6%

		区分	2006年	2007年	2008年	2009年
日野ブランド	大中トラ・BUS	国内	32,210	30,355	22,266	16,550
		CBU・KD	42,742	51,985	46,210	38,646
		合計	74,952	82,340	68,476	55,196
		累計	2,657,359	2,739,699	2,808,175	2,863,371
	小トラ	国内	17,389	15,230	10,705	8,861
		CBU	5,070	8,348	6,491	5,122
		KD	2,963	4,297	5,117	8,292
		合計	25,422	27,875	22,313	22,275
		累計	130,463	158,338	180,651	202,926
	海外生産	中国	0	0	0	737
		インドネシア	0	0	0	2,395
		合計	0	0	0	3,132
		累計	0	0	0	3,132
	総合計		100,374	110,215	90,789	80,603
	総累計		2,787,822	2,898,037	2,988,826	3,069,429
生産比率		国内向け	49.4%	41.4%	36.3%	31.5%
		海外向け	50.6%	58.6%	63.7%	68.5%

※海外生産が2009年度より発生しているのは、2008年以前の海外での生産(組立)は、現地調達率40％未満で、現地生産として含まれず、ＫＤ(現地組立車)に含まれるため、この生産台数の表では、日野ブランドＣＢＵ(完成車)・ＫＤに含まれる。2009年度より現地調達率が40％以上になり、現地生産としてカウントするようになった。

●乗用車、ピックアップトラック、受託車生産台数●

区分	車種	生産時期	生産台数
乗用車	日野ルノー（RR 乗用車）	1952年～1963年	3.5万台
乗用車	日野コンマース（FF ミニバン）	1960年～1962年	0.2万台
乗用車	日野コンテッサ 900（RR 乗用車）	1961年～1964年	4.7万台
乗用車	日野コンテッサ 1300（RR 乗用車）	1964年～1967年	5.5万台
ピックアップトラック	日野ブリスカ 900（FR ピックアップ他）	1961年～1964年	3.4万台
ピックアップトラック	日野ブリスカ 1300（FR ピックアップ）	1964年～1967年	1.5万台
受託車	ハイラックスピックアップ	1968年～2005年	812.3万台
受託車	パブリカ	1967年～1974年	22.0万台
受託車	ブリスカ	1967年	1.1万台
受託車	カリーナ	1973年～1980年	14.8万台
受託車	ターセル・コルサ・カローラⅡ	1980年～1994年	62.8万台
受託車	T-100	1992年～1998年	15.6万台
受託車	高機動車	1993年～現在	0.5万台
受託車	ダイナ・トヨエース	1999年～現在	5.0万台
受託車	4ランナー・ハイラックスサーフ	1996年～現在	41.3万台
受託車	タウンエース・ライトエース	2004年～2007年	1.8万台
受託車	FJ クルーザー	2005年～現在	6.3万台
受託車	クイックデリバリー	2006年～現在	0.2万台

※2009年7月3日　総合企画部 広報渉外室資料より

●ダカールラリーの戦績（トラック部門）●

●1991年　第13回（PARIS-TRIPORI-DAKAR）日本のトラックメーカーとして初参戦

順位	ゼッケン	ドライバー	車種
1	500	ウッサ	ペルリーニ
2	509	ゴルツォフ	カマズ
3	510	タメンカ	カマズ
4	503	ロプライス	タトラ
5	504	カハネック	タトラ
6	511	マルチェンコフ	カマズ
7	514	ジョッソー	日野レンジャー
8	507	レオナルド	メルセデス
9	519	カネラス	ペガソ
10	516	ライフ	日野レンジャー
14	517	プティ	日野レンジャー

●1992年　第14回（PARIS-SIRTE-CAPETOWN）

順位	ゼッケン	ドライバー	車種
1	501	ペルリーニ	ペルリーニ
2	500	ウッサ	ペルリーニ
3	502	ロプライス	タトラ
4	510	ライフ	日野レンジャー
5	509	ジョッソー	日野レンジャー
6	512	菅原義正	日野レンジャー
7	517	ヴェルシノ	メルセデス
8	504	ブシティア	タトラ
9	503	カハネック	タトラ
10	511	プティ	日野レンジャー

●1993年　第15回（PARIS-TANGER-DAKAR）

順位	ゼッケン	ドライバー	車種
1	500	ペルリーニ	ペルリーニ
2	501	ウッサ	ペルリーニ
3	506	ヴェルシノ	メルセデス
4	509	ベザメル	マン
5	505	ボソネ	メルセデス
6	512	菅原義正	日野レンジャー

7	508	プティ	メルセデス
8	502	グロワーヌ	メルセデス

● 1994年　第16回（PARIS-DAKAR-PARIS）

順位	ゼッケン	ドライバー	車種
1	401	ロプライス	タトラ
2	400	菅原義正	日野レンジャー
3	405	マービー	ペルリーニ
4	411	キエス	ジナフ
5	409	ボウレ	メルセデス
6	404	メッジ	ペルリーニ
7	424	カケット	メルセデス
8	429	ゾウメ	スカニア

● 1995年　第17回（GRANADA-DAKAR）

順位	ゼッケン	ドライバー	車種
1	411	ロプライス	タトラ
2	407	菅原義正	日野レンジャー
3	414	プフティヤー	タトラ
4	401	ヴェルシノ	メルセデス
5	420	バウラー	メルセデス
6	400	ボソネ	メルセデス
7	439	ペリシェ	メルセデス
8	457	ヘルゲー	メルセデス

● 1996年　第18回（GRANADA-DAKAR）排気量10リッター未満クラス優勝

順位	ゼッケン	ドライバー	車種
1	402	モスコフスキー	カマズ
2	400	ロプライス	タトラ
3	419	ファジョル	タトラ
4	415	コレニー	タトラ
5	420	チャギュイン	カマズ
6（1）	401	菅原義正	日野レンジャー
7	439	ペリシェ	メルセデス
8	403	ボソネ	メルセデス
9	406	プーテビヤン	メルセデス
10	412	ジャンブル	メルセデス
11（2）	408	柴田英樹	日野レンジャー

※（　）内は排気量10リッター未満クラスの順位

● 1997年　第19回（DAKAR-AGADES-DAKAR）トラック部門総合優勝、2位、3位（部門史上初制覇）

順位	ゼッケン	ドライバー	車種
1（1）	427	ライフ	日野レンジャー
2（2）	402	菅原義正	日野レンジャー
3（3）	411	プティ	日野レンジャー
4	425	ペルシエ	メルセデス
5	406	ヴェルシ	三菱
6	415	グロンジョン	三菱
7	404	バルピエール	メルセデス
8	417	フェリー	メルセデス
9	433	マルフェリオール	メルセデス
10	434	ガンビロン	メルセデス

※（　）内は排気量10リッター未満クラスの順位

● 1998年　第20回（PARIS-GRANADA-DAKAR）

順位	ゼッケン	ドライバー	車種
1	407	ロプライス	タトラ
2（1）	400	菅原義正	日野レンジャー
3	414	コレニー	タトラ
4（2）	403	バウエール	メルセデス

5	408	ボソネ	メルセデス
6	410	ジンブル	三菱
7	420	バルピエール	メルセデス
8 (3)	402	バルボーニ	メルセデス

※ ( ) 内は排気量 10 リッター未満クラスの順位

● 1999年　第21回（GRANADA-DAKAR）

順位	ゼッケン	ドライバー	車種
1	407	ロプライス	タトラ
2	409	モスコフスキー	カマズ
3	425	アゼヴェド	タトラ
4 (1)	400	菅原義正	日野レンジャー
5	401	ビアシオン	イヴェコ
6	410	バルピエール	三菱
7	414	カビロフ	カマズ
8 (2)	432	ライフ	マン

※ ( ) 内は排気量 10 リッター未満クラスの順位

● 2000年　第22回（DAKAR-CAIRO）

順位	ゼッケン	ドライバー	車種
1	409	チャギュイン	カマズ
2	407	ロプライス	タトラ
3	416	カビロフ	カマズ
4	408	アゼヴェド	タトラ
5 (1)	400	菅原義正	日野レンジャー
6	414	スクレノフスキー	タトラ
7 (2)	404	バウエール	メルセデス
8	418	ボソネ	メルセデス

※ ( ) 内は排気量 10 リッター未満クラスの順位

● 2001年　第23回（PARIS-DAKAR）

順位	ゼッケン	ドライバー	車種
1	425	ロプライス	タトラ
2 (1)	400	菅原義正	日野レンジャー
3 (2)	406	ライフ	マン
4	414	マルシェイ	メルセデス
5 (3)	405	パトーノ	メルセデス
6 (4)	410	マルフェリオール	メルセデス
7	420	ジュヴァンテニー	メルセデス
8	417	ベクス	ジナフ

※ ( ) 内は排気量 10 リッター未満クラスの順位

● 2002年　第24回（ARRAS-MADRID-DAKAR）排気量10リッター未満クラス創立以来7連覇

順位	ゼッケン	ドライバー	車種
1	409	チャギュイン	カマズ
2	408	ロプライス	タトラ
3 (1)	400	菅原義正	日野レンジャー
4 (2)	415	ライフ	マン
5	414	ボソネ	メルセデス
6	410	デロイ	ダフ
7	435	カロフェル	マン
8 (3)	403	バリラ	メルセデス

※ ( ) 内は排気量 10 リッター未満クラスの順位

● 2003年　第25回（MARSEILLE-SHARMELSHEIKM）

順位	ゼッケン	ドライバー	車種
1	407	チャギュイン	カマズ
2	410	アゼヴェド	タトラ
3	412	カビロフ	カマズ
4	409	デロイ	ダフ

5	400	菅原義正	日野レンジャー
6	443	ジャコット	マン
7	419	ボソネ	メルセデス
8	402	パトーノ	メルセデス

※排気量10リッター未満クラス設定なし

● 2004年　第26回 (CLERMONT-FERRAND-DAKAR)

順位	ゼッケン	ドライバー	車種
1	407	チャギュイン	カマズ
2	410	カビロフ	カマズ
3	417	J.デロイ	ダフ
4	423	マルデーブ	カマズ
5	400	菅原義正	日野レンジャー
6	412	アゼウェド	タトラ
7	415	ロプライス	タトラ
8	416	ベクス	ダフ

※排気量10リッター未満クラス設定なし

● 2005年　第27回 (BARCELONA-DAKAR)

順位	ゼッケン	ドライバー	車種
1	520	カビロフ	カマズ
2 (1)	500	菅原義正	日野レンジャー
3	503	ビスマラ	メルセデス
4	521	J.デロイ	ダフ
5	516	G.デロイ	ダフ
6	501	菅原照仁	日野レンジャー
7	522	アレン	イヴェコ
8	415	サドラウー	マン

※排気量10リッター未満優勝車のみ表彰

● 2006年　第28回 (LISBOA-DAKAR)

順位	ゼッケン	ドライバー	車種
1	508	チャギュイン	カマズ
2	524	ステイシィ	マン
3	500	カビロフ	カマズ
4	513	アゼヴェド	タトラ
5	501	菅原義正	日野レンジャー
6	503	ビスマラ	メルセデス
7	505	菅原照仁	日野レンジャー
8	530	エスター	マン

※排気量10リッター未満クラス設定なし

● 2007年　第29回 (LISBOA-DAKAR)

順位	ゼッケン	ドライバー	車種
1	501	ステイシー	マン
2	527	マルデーブ	カマズ
3	512	ロプライス	タトラ
4	513	バンギンケル	ジナフ
5	503	アゼヴェド	タトラ
6	508	ジャクコット	マン
7	505	レシェニコフ	カマズ
8	530	ブロワー	ジナフ
9 (1)	507	菅原照仁	日野レンジャー
10	516	エクター	マン
11	519	トムチェック	タトラ
12	506	ビスマラ	イベコ
13 (2)	504	菅原義正	日野レンジャー

※( )内は排気量10リッター未満の順位

●2009年　第30回（ARGENTINA-CHILE）

順位	ゼッケン	ドライバー	車種
1	506	カビロフ	カマズ
2	501	チャギュイン	カマズ
3	505	G. デルーイ	ジナフ
4	508	マルディーブ	カマズ
5	507	エクター	マン
10（1）	534	スザラー	マン
14（2）	513	菅原照仁	日野レンジャー
26（6）	511	菅原義正	日野レンジャー

※（　）内は排気量10リッター未満の順位

●2010年　第31回（ARGENTINA-CHILE）

順位	ゼッケン	ドライバー	車種
1	501	チャギュイン	カマズ
2	500	カビロフ	カマズ
3	508	ヴァン・ヴィレット	ジナフ
4	506	マシック	リアズ
5	505	マルデーヴ	カマズ
7（1）	514	菅原照仁	日野レンジャー
規定により失格	516	菅原義正	日野レンジャー

※（　）内は排気量10リッター未満の順位

※写真は2010年の活動の様子

●年表●

記号の読み方
- ●：技術、車両に関する重要なポイント（新型車、モデルチェンジ、キーとなる技術など）
- ○：マイナーチェンジなど
- ・：東京瓦斯電気工業〜日野自動車の技術、車両を除く企業情報
- ▽：東京瓦斯電気工業〜日野自動車以外の関連する事柄

注：1970年以降は大中型トラック・バス共にシリーズ化が進み、車型・エンジンなどの設定が複雑になるため、モデルチェンジの代表車名のみ記載した。スペック情報は戦前の車両については調べることのできた範囲を極力記載し、戦後は紙面スペースの都合で一部のみ記載し、1970年以降は割愛した。1953年以降の車両寸法の記載のあるものは全長×全幅×全高、WB（ホイールベース）の順で単位はmmで表わした。

年	月	主な出来事
1910 (明治43年)	8	・「東京瓦斯工業株式会社」設立、（東京瓦斯電気工業の前身）、資本金100万円、初代社長徳久恒範
	12	・社長徳久恒範逝去(31日)、松方五郎が後を継ぎ社長就任
	—	▽日本陸軍、軍用トラック導入の参考として、欧州トラック3台を購入(仏シュナイダー、独ベンツ・ガゲナウ、英ソーニークラフト)
	—	▽星子勇、輸入車ディーラー「日本自動車合資会社」入社
	12	▽「日本自動車倶楽部」発足
1911 (明治44年)	—	・東京府本所区業平町に工場を建て操業開始。瓦斯機器、瓦斯照明器具など製造・販売 特に室内照明発光部「マントル」は高性能で海外でも評価された
	—	▽大阪砲兵工廠国産軍用トラック第1号「甲号」完成
	4	▽「快進社自働車工場」創業
1912 (明治45年)	6	▽陸軍省内に軍用自動車調査委員会設置、軍用自動車の標準仕様決定
	8	▽東京タクシー自動車会社開業（日本最初のタクシー会社）
	—	▽「太田自動車製作所」創立
1913 (大正2年)	6	・「東京瓦斯電気工業株式会社」に改称
	—	▽星子勇、農商務省実業練習生に合格、欧米に留学(英コベントリー デラウェア社、米デトロイト ハドソン社)自動車製造技術を学ぶ
1914 (大正3年)	3	▽東京大正博覧会、国産小型乗用車「DAT」1号車展示
	6	▽第1次世界大戦勃発
	10	▽日本陸軍、国産軍用トラックを初めて実戦に使用（青島でドイツと戦闘）
1915 (大正4年)	8	▽星子勇、自動車専門書『ガソリン発動機自動車』発行。その他、欧米の自動車に関する最新情報を日本の書誌に多数投稿
1916 (大正5年)	—	・「東京瓦斯電気工業株式会社」自動車製造を計画
	1	▽「東京石川島造船所」自動車製造に関する調査開始
	9	●大阪砲兵工廠の指導を受け、砲弾の信管を大量生産
	11	▽国鉄、鉄道建設用貨物自動車2台購入
	12	▽日本初の本格的自動車運転学校、東京蒲田に創設
	—	▽星子勇、帰国し「日本自動車」に復帰
1917 (大正6年)	1	・大阪砲兵工廠より自動車製造の示唆
	—	・星子勇を招聘、「発動機部長」に就任
	3	▽「脇田自動車商会」東京麻布に設立(日野車体工業の前身)
	4	●発動機部「シュナイダー・タイプ軍用制式4トン自動貨車（トラック）」受注〈4トンは総重量、1.5〜2トン積、4×2、エンジン水冷直4ガソリン4.4L 22kW（30馬力）、チェーンドライブ、木製ホィール ブロック貼り付けタイヤ〉5台製造
	6	・大森工場、第1期工事竣工（東京府荏原群大井町大字不入斗）
	—	●自社独自設計によるトラックを開発着手、製品名称を社名英語表記の頭文字から「TGE」に決定
	—	●初の国産トラック「TGE-A型」完成〈1.5トン積、4×2、エンジン水冷直4ガソリン4.4L 30馬力(22kW) 2気筒一体型エンジン、シャフトドライブ、木製ホィール ソリッドタイヤ、アセチレンランプ〉
	7	▽軍用自動車補助法案、同施行細則案決定
	10	▽「横浜護謨製造」設立(国産タイヤ製造開始)
	11	▽ロシア10月革命、ソビエト政権樹立
1918 (大正7年)	1	●「TGE-A型トラック」東京市より「散水車」「病院自動車」「塵芥運搬車」受注
	1	▽豊田佐吉「豊田紡織(株)」設立
	3	・本社を東京府麹町区大手町に移転
	3	・「発動機部」に「自動車部」と「航空部」を設置(両部署を星子勇が統括)
	3	●「TGE-A型トラック」、軍用保護自動車資格取得第1号、20台製造
	—	●航空機エンジン「ダイムラー100馬力エンジン」国産化（ライセンス生産）
	3	▽軍用自動車補助法公布（5月施行）

年	月	主な出来事
1918 (大正7年)	4	▽陸軍自動車隊、東京府下世田谷に設置
	8	▽快進社自動車工場「株式会社快進社」として新発足、「ダット号」生産
	11	▽ドイツが連合軍と休戦条約調印(第1次世界大戦終結)
	11	▽「東京石川島造船所」英、ウーズレー製乗用車、貨物自動車の東洋における販売権、製造権取得
	12	▽「三菱造船神戸造船所」で「三菱A型乗用車」製作
1919 (大正8年)	1	●「TGE-A型トラック」明治神宮造営局で買上
	1	▽内務省令自動車取締法規則公布
	3	●「TGE-A型トラック」陸軍並びに鉄道省で鉄道施設用に採用
	3	▽東京市街自動車会社、市内乗合自動車営業開始(青バス)
	6	▽ベルサイユ講和条約調印(第1次世界大戦の後始末)
	9	・資本金2,000万円に増資
	―	●乗合自動車「米国レパブリックをバス架装」東京市街自動車(株)「青バス」に納入
	―	●軍用救急車「米国レパブリックを救急車架装」20台を日本陸軍、日本赤十字社に納入
	9	▽日本初の交通信号設備、交通規制、交通整理実施(東京上野広小路)
	11	▽「実用自動車製造(株)」大阪に設立(ダット自動車の前身)
	12	・大森工場落成
1920 (大正9年)	―	・輸入部、宮内省より御料車ロールス・ロイス2台購入の下令
	―	●航空機「瓦斯電製ダイムラーエンジン搭載のモリス・ファルマン機」を製造、陸軍に納入
	―	●航空機エンジン「ル・ローン星型ロータリー式空冷9気筒エンジン」国産化(ライセンス生産)
	―	●航空機「甲式3型(ニューポール27型)練習機」3機製造、陸軍に納入
	1	▽国際連盟発足
	5	▽鉄道省設置(鉄道院廃止)
	7	▽「(株)白揚社設立」(東京日本橋)、小型乗用車オートモ号製作開始
	9	▽「東京石川島造船所」深川分工場設置、ウーズレー乗用車製作準備
	10	▽東京地下鉄道設立
	11	・陸軍大臣より軍用自動車見本(10年型)製造通達受ける
1921 (大正10年)	―	●航空機エンジン「ベンツ130馬力エンジン」国産化(ライセンス生産) 英、シースカウト飛行船国産化(15式飛行船)に搭載
	―	●航空機エンジン「サムルソン星形水冷230馬力エンジン」国産化(ライセンス生産)、2式1型(サムルソン2A2)偵察機に搭載
	―	●車両用新エンジン「G型エンジン」〈新設計水冷直4ガソリン3.97L 4気筒一体型〉完成
	―	●新型トラック「TGE-G型1.5トン積トラック」〈1.5トン積、4×2、エンジン「G型」水冷直4ガソリン〉開発・生産
	1	▽ルドルフ・ディーゼル機関の自動車への応用完成
	―	▽「ダット自動車(株)」設立
	11	▽「東京石川島造船所」ウーズレー乗用車完成
1922 (大正11年)	3	●平和記念東京博覧会(於上野公園)に「TGE-G型1.5トン積トラック」出展、民間に11台販売するも全車返品
	3	▽平和記念東京博覧会に快進社「ダット41型トラック」、東京石川島造船所「ウーズレー号」、白揚社「オートモ号」など出展
	4	▽「ダット自動車(株)」軍用自動車補助法にによる自動車製造開始
	―	▽太田祐雄、オーエス小型スポーツカー完成(後のオオタ自動車)
	―	▽「実用自動車(株)」小型乗用車リラー号完成
	―	▽日本初の自動車レース開催(東京洲崎)
	12	▽ソビエト社会主義共和国連邦成立
1923 (大正12年)	9	・関東大震災により大手町本社建屋全焼、大森工場建屋一部倒壊
1924 (大正13年)	1	▽東京市電局、約800台のT型フォードを購入、東京市営乗合自動車営業開始
	3	▽「東京石川島造船所」自動車工場を再建(東京京橋区新佃島)
	3	▽「東京石川島造船所」ウーズレートラック、軍用保護自動車検定合格
	12	▽外国法人「日本フォード自動車」設立(横浜、資本金400万円)
	―	▽「独、ダイムラー」初の自動車用ディーゼルエンジン試作完成
1925 (大正14年)	1	▽白揚社「オートモ号」上海に輸出(国産車輸出第1号)
	3	▽東京放送局(JOAK)放送開始、(7月本放送開始)
	7	▽快進社解散、「ダット自動車商会㈾」に併合

年	月	主な出来事
1926 (昭和1年)	―	●改良型トラック「TGE-G1型1.5トン積トラック」、民間から返品されたG型の改良版、保護自動車試験用2台、国際原動機博覧会出展用1台製造
	1	▽東京京橋電話局、初のダイヤル自動電話実施
	8	▽「日本放送協会(NHK)」設立(東京・大阪・名古屋の放送合体)
	9	▽「ダット自動車製造(株)」設立、ダット自動車商会を併合
	10	▽「(株)豊田自動織機製作所」設立(刈谷資本金100万円)
	―	▽独、ダイムラー社ベンツと合併、「ダイムラー・ベンツ社」創立
1927 (昭和2年)	―	●改良型トラック「TGE-GP型1.5トン積トラック」〈4×2、エンジン「G型」水冷直4ガソリン、ディスクホィールニューマチックタイヤ、電動スターター、鋳鉄ホィール、電気ランプ採用〉開発・製造 軍用他一般トラック、バスなど応用車多数
	2	▽大阪市営乗合自動車営業開始
	4	▽外国法人「日本ゼネラルモータース(株)」設立、(大阪資本金800万円)シボレー車組立・販売開始
	12	▽日本初の地下鉄、浅草~上野間開通
	―	▽フォード社「T型フォード」生産終了、「A型フォード」に切替
1928 (昭和3年)	―	●車両用新エンジン「L型」エンジン〈水冷直4ガソリン3.68L 31kW(42馬力)新設計〉完成
	―	●新型トラック「TGE-L型1.5~2トン積トラック」〈4×2、L型エンジン〉開発・製造 軍用他一般トラック、バスなど
	―	●航空機エンジン「ダイムラー直列6気筒73.6kW(100馬力)」国産化
	―	●独自開発、初の国産航空機エンジン「神風」〈空冷星形7気筒 95.6kW(130馬力)〉完成・製造
	―	▽「東京石川島造船所」新型6気筒自動車の名称を「スミダ」と決定
	10	▽蒋介石、中華民国国民政府主席就任
1929 (昭和4年)	―	●初の国産戦車「89式中戦車」のエンジンを開発・生産〈ダイムラー航空エンジンの改造版、水冷直6ガソリン86.7kW(118馬力)〉
	5	▽東京石川島造船所自動車工場、独立して「(株)石川島自動車製作所」となる(資本金250万円、初代社長渋沢正雄)
	6	▽ダット自動車製造、「ダット61型」軍用保護自動車検定合格
	8	▽世界一周の飛行船「ツェッペリン号」霞ケ浦寄港
	9	▽鉄道省に自動車交通網調査委員会設置
	10	▽ニューヨーク株式市場大暴落(世界恐慌)
	12	▽日本フォード資本金を800万円に増資、工場を横浜市神奈川区子安埋め立て地に新設移転
	12	●東京瓦斯電初の試作バス「TGE-L型24人乗低床バス」〈4×2、水冷ガソリンL型エンジン〉、石川島自動車とともに鉄道省に試験を依頼
1930 (昭和5年)	―	●パワーアップ版トラック「TGE-K型1.5トン積トラック」〈4×2、水冷直4ガソリン4.08L(L型エンジンの5mmボアアップ版)〉開発・製造 軍用照明など重量物搭載
	―	●パワーアップ版トラック「TGE-M型2トン積トラック」〈4×2、水冷直4ガソリン4.76L(L型エンジンの13mmボアアップ版)〉開発・製造 軍用発電機など重量物搭載
	―	●悪路走破性の高い6輪トラック「TGE-N型2トン積6輪トラック」〈6×4、水冷直4ガソリン4.08L(K型エンジン使用)〉軍用保護自動車開発・製造、応用車として「91式広軌牽引車」もあり
	―	●車両用新小型エンジン「O型エンジン」〈水冷直4ガソリン2.5L新設計〉完成
	―	●新型軽量トラック「TGE-O型1トン積トラック」〈4×2、水冷直4ガソリン2.5L(小型新設計エンジン)〉開発・製造 一般他、軍に100台を納入
	5	●車両用新6気筒エンジン「P型エンジン」〈水冷直6ガソリン4.7L〉完成
	5	●新型トラック「TGE-P型2トン積トラック」〈4×2、水冷直6ガソリンP型エンジン〉約50台開発・製造
	5	●独自開発航空機エンジン第2弾「天風」〈空冷星形9気筒220.6kW(300馬力)〉開発・製造、93式中間練習機(俗称赤とんぼ)などに搭載
	―	●悪路走破性の高い6輪トラック「TGE-Q型3トン積6輪トラック」〈6×4、水冷直6ガソリン4.7L P型エンジン〉100台以上製造、愛国号多数
	―	●鉄道省営試作バス「TGE-MA型30人乗低床式バス」〈4×2、水冷直4ガソリン4.76L(M型エンジン)〉鉄道省の計画に応じて試作
	9	▽米価、生糸大暴落、農業恐慌深刻化
	10	▽東海道線に初の特急「燕」誕生
	12	●鉄道省営乗合自動車第1号「TGE-MP型20人乗低床式バス」〈4×2、水冷直6ガソリン4.7L P型6気筒エンジン〉鉄道省営乗合自動車第1期路線岡崎・多治見間の営業運行に採用、14台納車(これとは別にスミダ号も採用)
1931 (昭和6年)	―	・「TGE-O型トラック」「TGE-P型トラック」宮内庁買い上げを記念し以降ブランド名を「ちよだ」と改称
	5	▽商工省に国産自動車工業確立調査委員会設置
	―	●軍用装甲車「ちよだQSW型兵員輸送車」〈6×4、水冷直6ガソリン4.7L(Q型トラックを装甲した車両)〉100台以上製造、愛国号多数
	―	●軍用装甲車「91式広軌牽引車」〈地面の走行だけでなく広軌鉄道での走行・牽引が可能、「ちよだQSW型」の応用車〉開発・製造

年	月	主な出来事
1931 (昭和6年)	—	●「ちよだS型40人乗低床式バス」〈4×2 後輪W、エンジンは米国BUDA社製8.1L 6気筒73.6kW(100馬力)を使用〉台湾鉄道省営乗合自動車へ納入、並行して73.6kW(100馬力)クラスの新エンジン開発着手
	8	▽ダット自動車製造、「ダットソン」1号車完成
	9	●「商工省標準型式自動車」の試作に、東京瓦斯電、石川島自動車、ダット自動車3社分担製作着手
	9	▽満州事変勃発
	11	▽中国江西省端金に中華ソビエト臨時中央政府樹立(主席毛沢東)
1932 (昭和7年)	—	●商工省標準型式エンジン「X型ガソリンエンジン」〈水冷直6 4.39L〉完成
	—	●商工省標準型式トラック「TX35型」〈4×2、WB 3.5m、1.5トン積、地方一般用〉、「TX40型」〈4×2、WB 4.0m、2.0トン積、都市近郊用〉試作車完成
	—	●商工省標準型式低床バス「BX35型」〈4×2、WB 3.5m、23人乗、地方一般用〉、「BX40型」〈4×2、WB 4.0m、32人乗、都市近郊用〉、「BX45型」〈4×2、WB 4.5m、40人乗、大都市舗装区間用〉試作車完成
	—	●鉄道省営乗合自動車「ちよだST型バス・トレーラー」開発・製造 キャブオーバー型バスがトレーラー型バスを牽引、エンジンを横倒しにするアンダーフロア・エンジンもあり、1935年頃まで生産
	—	●軍用装軌車「92式8トン牽引車(ニク型)(5cmカノン砲牽引用)」〈8.5トン L 4.42m エンジン ガソリン甲orヂーゼル乙〉試作・製造
	3	▽満州国建国宣言(9月日本が承認)
	3	▽商工省標準型トラック・バス試作車試運転実施、結果良好にて製造決定
	5	▽5.15事件勃発、(海軍将校首相官邸襲撃、犬養首相暗殺)
	5	▽三菱造船神戸造船所、大型乗合自動車「ふそうB46型」1号車完成
	—	▽鉄道省運輸局、自動車課設置
1933 (昭和8年)	—	・東京瓦斯電大森工場拡張工事完了
	—	●軍用乗用車「HF型4輪乗用車(菊1号試作乗用車)」
	—	●軍用乗用車「HS型6輪乗用車」試作、陸軍指揮官用として「HF型4輪乗用車」とともに昭和10年から翌年にかけて月産80台ほど量産
	—	●商工省標準型式車トラック・バス生産本格化(昭和8年生産150台)
	—	●小型旅客飛行機「KR-1型千鳥号」〈神風Ⅲ型150馬力エンジン搭載 乗客3人乗〉19機開発・製造
	1	▽米、満州国不承認表明
	2	▽独、ヒットラー首相、ポルシェ博士に国民車設計を命ず
	3	▽石川島自動車製作所、ダット自動車製造(株)と合併、「自動車工業(株)」設立
	3	▽日本、国際連盟脱退
	9	▽「(株)豊田自動織機製作所」、自動車製造を決議
	12	・東京瓦斯電気工業と自動車工業が共販会社「協同国産自動車」設立(資本金100万円社長松方五郎)
	12	▽戸畑鋳物、日本自動車共同出資で「自動車製造(株)」設立(資本金1,000万円、社長鮎川義介)
1934 (昭和9年)	—	●協同国産自動車型式「ちよだJ型2.5トン積トラック」〈4×2、水冷直6 ガソリン4.39L(X型エンジン)〉開発・製造
	—	●商工省標準型式「ちよだJM型1.5〜2.5トン積6輪トラック」〈6×4、水冷直6 ガソリン4.39L(X型エンジン)〉開発・製造
	—	●軍用装軌車「93式13トン牽引車(ホフ)」試作・製造
	—	●軍用2人乗用車「小型乗用車(ホヤ)」〈HF 4輪乗用車の不整地走行性改良のためフォードのシャーシーを短縮、独自の4輪独立懸架とした車両〉50台製造
	—	●乗用車「ちよだHA型」〈フルクローズ型の4ドアセダン〉、日比谷展示会用として1台のみ製作
	—	●軍用装軌車「94式軽装甲車(ニコ型)」〈3.2トン L 3.08m、エンジン「GA型」空冷直4 ガソリン2.62L 25.7kW(35馬力)〉開発・生産、通称「豆タンク」1937年までに750台製造
	—	●軍用「94式4トン牽引車(ヨケ)」〈V8 90馬力 ガソリンエンジン〉試作
	1	▽「(株)豊田自動織機製作所」、資本金300万円に増資、自動車製造開発着手
	2	・「協同国産自動車(株)」販売活動開始(ちよだ、すみだ、商工省標準型の3ブランドを扱う)
	3	▽陸軍省、商工省中心で、陸軍省整備局に国産自動車型式決定委員会設置
	4	▽「三菱重工業(株)」設立(三菱造船が改称)
	6	▽自動車製造(株)、「日産自動車(株)」と改称
	6	▽「三菱重工業(株)」、三菱航空を合併(資本金5,500万円)
	8	▽独、ヒットラー大統領に選出
1935 (昭和10年)	—	●東京瓦斯電が開発した初のディーゼルエンジン「EK型」〈空冷17.5L 118kW(160馬力)〉生産
	—	●軍用装軌車「95式13トン牽引車(ホフ)」(30cm榴弾砲牽引用)〈L 4.8m、「EK型ディーゼルエンジン」搭載〉開発・製造
	—	●軍用装甲装軌・軌道車「95式装甲軌道車(ソキ)SK機」〈乗員6名、9トン L 4.5m、エンジン空冷 直6 ガソリン6.22L 65.5kW(89馬力)〉開発・製造
	—	●軍用装軌車「「95式野戦作力作・起重機搭載(リキ)型」〈7.8トン L 5.62m、エンジン 空冷 直6 ガソリン6.22L 65.5kW(89馬力)、標準巻上容量1.5トン〉開発・製造

年	月	主な出来事
1935 (昭和10年)	―	●軍用装軌車「さく壕車「(サコ)型」〈エンジン 空冷 V12 ガソリン 12.45L 132.4kW(180馬力)〉製造
	―	●「ハシゴ車(社内呼称展望車)」製造
	―	●新エンジン搭載「ちよだS型40人乗低床式バス」〈4×2 後輪Wタイヤ、エンジン 水冷 直6 ガソリン 6.84L 80.9kW(110馬力)〉開発・製造
	2	▽「三菱重工(株)神戸造船所」、省営バス用ディーゼルエンジン試作
	5	▽(株)豊田自動織機製作所、「A1型乗用車」完成
	10	▽「高速機関工業(株)」設立(太田自動車工業を引継ぎ「オオタ号」を製造)
	11	▽(株)豊田自動織機製作所、1.5トン積G1型トラック発表
	11	▽「三菱重工」自動車用ディーゼルエンジン完成
	12	▽「日本ディーゼル工業(株)」設立(資本金500万円)
1936 (昭和11年)	―	・東京瓦斯電気工業「自動車工業青年学校」開設
	4	●軍用装甲装軌・軌道車「95式装甲軌道車(ソキ)SK機」開発・製造
	5	▽自動車製造事業法公布(7月11日施行)国産自動車工業に対し広範囲に強力な保護
	6	▽独、フォルクスワーゲン試作1号車完成
	9	▽「日産自動車(株)」「(株)豊田自動織機製作所」、自動車製造事業法許可会社になる
1937 (昭和12年)	―	・東京瓦斯電気工業(株)/自動車工業(株)、それぞれトラック生産規模では自動車製造事業法の認可を得るのは困難、両社合併を画策
	4	・東京瓦斯電気工業(株)は自動車工業(株)との合併準備のため「東京自動車工業(株)」設立(資本金100万円社長松方五郎、副社長新井源水)
	6	・「東京自動車工業(株)」、協同国産自動車を吸収合併
	8	・「東京自動車工業(株)」は東京瓦斯電気工業(株)自動車部と合併。大森工場は「東京自動車工業(株)大森製造所」に
	9	・「東京自動車工業(株)」、自動車工業を吸収合併
	―	●商工省標準型バス「ちよだBX」4輪 4.39L 45馬力 ガソリンエンジン(BX35 23人乗り、BX40 32人乗り、GX45 40人乗り)開発・製造
	―	●軍用装軌車「97式軽装甲車(テケ)TK」〈4.15トン、L 3.45m、12mm機関砲、エンジン「DB40型」空冷 直4 6.2L ディーゼル 44.13kW(60馬)東京自動車工業製〉開発・製造
	―	●軍用車両用エンジン「DA30型」〈空冷 V12 ディーゼル 21.7L 132.4kW(180馬力)〉完成
	―	●軍用装軌車「伐開機ホK車」〈15トン L 5.3+1.9m、「DA30型」V12エンジン搭載〉開発・製造
	―	●軍用装軌車「抜掃機」〈エンジン統制型「DA20型」空冷 直6 ディーゼル 14.6L 110.3kW(150馬力)搭載〉開発・製造
	11	・「東京瓦斯電気工業(株)航空機部」、海軍の要請で「初風」エンジン開発着手
1938 (昭和13年)	5	・「東京瓦斯電気工業(株)航空機部」が製作した「航研機」11,651km飛行滞空62時間22分余の世界記録樹立
	5	●航空機エンジン「天風改5」ルーツ・ブロア装着で515馬力に、(陸軍、98式直接協同偵察機キ-36、99式高等練習機、零式水上偵察機など約1,500機)
	―	●中型旅客機「TR-1型」〈「神風5A型」176.5kW(240馬力)エンジン2基搭載、全金属製、乗客6人乗〉開発・製造
	―	●航空機エンジン「初風」試作完成〈空冷倒立直列4 4.33L 92kW(125馬力)〉
	9	・「東京自動車工業(株)」は東京南多摩郡日野町に20万坪の土地購入、日野製造所の建設着工
	9	●軍用車両用エンジン「EK型ディーゼルエンジン」制式化
1939 (昭和14年)	1	・日野製造所地鎮祭挙行(1月12日、棟上式1月18日)
	1	・自動車工業青年学校「日野技能者養成所」と改称(後の日野工業高等学園)
	2	・「東京瓦斯電気工業(株)航空機部」経営権を日立製作所に譲渡、「日立航空機(株)」となる
	―	●軍用装軌車「98式軽戦車(ケニ)」〈7.2トン、L 4.3m、エンジン 統制型「DB52型」空冷 ディーゼル 10.85L 91.9kW(125馬力)〉開発・製造　シーソー式コイルバネの「A型」は「日野製造所」の試作(昭和13年着手、昭和14年試製)
1940 (昭和15年)	3	・日野製造所転勤者第1回200名発令
	5	・「東京自動車工業(株)」(陸軍中将鈴木重康社長就任、元社長松方五郎並びに元副社長新井源水退任し相談役就任、資本金7,000万円に増資)
	12	・日野製造所完成
	―	●中型旅客機「TR-2型」〈「神風5A型」176.5kW(240馬力)エンジン2基搭載、全金属製、乗客6人乗〉開発・製造
	―	●軍用軌道車「100式鉄道牽引車」TGE-GPベースの広軌道対応車開発・製造
	―	●軍用装軌車「96式6トン牽引車(ロケ)」〈6.4トン、L 4.2m、エンジン「DA50型」水冷 ディーゼル 直6 10.5L 88.3kW(120馬力)〉陸軍の代表的大型牽引車として大量に製造。このエンジンは戦後、日野、池貝のトレーラー・トラック用ヘッドに使用
1941 (昭和16年)	4	・「東京自動車工業(株)」自動車製造事業法の許可会社(3番目)
	4	・東京自動車工業(株)、「ヂーゼル自動車工業(株)」と改称(資本金7,750万円に増資)
	4	●軍用車両用エンジン「DA50型」ディーゼルエンジン完成
	―	●軍用軌道車「1式鉄道牽引車」100式鉄道牽引車の狭対応車開発・製造

年	月	主な出来事
1941 (昭和16年)	—	●軍用装軌車「1式中戦車(チハ)」〈17.2トン、L 5.37m、エンジン 100式統制型「DB10型」空冷 ディーゼル V12 21.7L 132kW(180馬力)〉開発・製造
	—	●軍用装軌車「1式装甲兵車(ホキ)ラK」〈輸送兵員12名、6.5トン、L 4.7m、エンジン 統制型「DB52型」空令 直6 ディーゼル 98.6kW(134馬力)〉開発・製造
	—	●軍用装軌車「1式半装軌装甲兵車(ホハ)ラK半」〈前輪タイヤ＋装軌の兵員輸送車、輸送兵員15名、6.5トン、L 4.7m、エンジン 統制型「DB52型」空令 直6 ディーゼル 98.6kW(134馬力)〉開発・製造
	—	●軍用装軌車「16トン重牽引車(チケ)」〈15.7トン、L 5.36m エンジン100式統制型「DC20型」水冷 V12 ディーゼル 21.7L 147kW(200馬力)〉試作
	9	•「ヂーゼル自動車工業(株)日野製造所」落成式挙行
	9	▽「車輪工業(株)」設立、自動車製造事業法許可会社となる(現トピー工業)
	10	▽乗合自動車、ガソリン使用禁止(薪炭瓦斯自動車への切替)
	12	▽日本、真珠湾を攻撃、米英に宣戦布告(太平洋戦争勃発)
1942 (昭和17年)	1	•「ヂーゼル自動車工業(株)」、陸軍中将林桂社長就任
	1	▽日・独・伊軍事協定調印
	5	•「ヂーゼル自動車工業(株)」日野製造所を分離
	5	•「日野重工業(株)」設立(社長松井命、取締役星子勇、大久保正二、小西晴二、天谷和彰、秋田政一、監査役安井清、三宮吾郎、資本金5,000万円)
	5	•「日野重工業(株)」軍用装軌車両製造・販売会社として軍の管理工場に指定
	6	▽ミッドウェー海戦にて日本海軍、太平洋の制海権を失う
	12	▽米軍、日本本土を初空襲(東京、名古屋、四日市、神戸)
1943 (昭和18年)	2	▽ガダルカナル島日本軍敗退
	6	▽学生の勤労奉仕法制化、兵器廠・軍需工場に農村へ動員指示
	9	▽女子勤労挺身隊発足
1944 (昭和19年)	1	•専務取締役星子勇(TGEトラック製造以来の技術部門の総師)逝去
	1	•自動車製造各社「軍需会社」に指定
	9	▽日産自動車、「日産重工業(株)」と改称(工藤治人社長就任)
	11	▽米軍B29、東京大空襲
	12	▽自動車製造各社、機械設備・資材部品疎開開始
1945 (昭和20年)	8	•八王子大空襲、「日野重工業」施設一部(食堂)被災
	8	▽日本、無条件降伏(第2次世界大戦終結)
	8	•終戦とともに生産停止
	9	•終戦に伴い「日野重工業」要員100名を残し全従業員7,000名解雇、米軍が工場閉鎖し接収(本社建屋は米立川基地軍人宿舎に)
	9	•「日野重工業(株)」解散
	9	▽GHQの製造工業運営に関する覚書により、トラック製造、資材割当枠内で月産1,500台限り許可(乗用車製造禁止)
	9	▽「日産重工業」「トヨタ自動車工業」「ヂーゼル自動車工業」各社人員縮減、民需転換申請し生産開始
	10	•元社長松方五郎、元専務取締役大久保正二以下300名で再建に着手、ナベ・カマ・クワなど製造開始
	10	●工場に残された戦中製品のDA・DB型エンジン300基活用、トレーラートラック設計計画着手
	11	•社長松井命取締役林桂辞任、松方五郎、大久保正二ら元東京瓦斯電気工業に所縁の面々が取締役に就任
1946 (昭和21年)	1	•GHQより民需品生産への転換許可受領
	2	•旧従業員300名復帰、工場再開
	3	•「日野産業株式会社」と改称(社長松方五郎)
	5	▽第1次吉田内閣成立
	8	●戦後初の民需製品試作車「T10・20トレーラートラック」完成〈軍用エンジン改良版空冷「DB53型」搭載、最大積載量15トン〉
	8	○トレーラーバスの試作に着手
	8	•GHQより賠償指定工場に指定
	11	•公職追放指令により社長松方五郎辞任、大久保正二社長就任
	—	•役員は金策に苦難の連続。日野重工業は太平洋戦争開戦後直ちに軍の秘密工場となったために一般の知名度はゼロに等しかった
1947 (昭和22年)	4	▽学校教育法施行(6・3・3制実施)
	5	▽日本国憲法施行
	8	●トレーラートラック「T11・21」発売(発売に際して軍用エンジン改良版水冷「DA54型」に変更)
	11	●トレーラーバス「T11B・25」完成・発売〈水冷「DA54型」エンジン、全長13.88m、乗車定員96(座席40、立席51、乗務員5)〉第1号車、舞鶴交通納入

年	月	主な出来事
1948 (昭和23年)	5	・販売部門強化「日野ヂーゼル販売株式会社」設立(社長郷野基秀) 瓦斯電工以来、軍・鉄道省に依存し販売能力が欠如していたため
	11	○トレーラバス改良版「T12B・26」発売〈トレーラー部の車軸を2軸(シングル・タンデムタイヤ)から1軸(Wタイヤ)に変更〉
	12	・「日野ヂーゼル工業株式会社」と改称
1949 (昭和24年)	3	○トレーラートラック改良版「T12・22」発売
	5	・東京証券取引所へ株式上場
	7	○トレーラートラック改良版「T13・23」、トレーラーバス「T13B・26」(トレーラートラック、トレーラーバスの最終型)発売
	12	●トロリーバス「TR20」発売〈乗車定員74、電動機92kW〉
	12	○トレーラー式トロリーバス「TT10」試作・発表〈全長13.77m、乗車定員96、電動機103kW〉
1950 (昭和25年)	2	●日野が設計した初のエンジン「DS10」完成〈水冷 直6 ディーゼル 7.0L 80.9kW(110馬力)〉
	3	●日野初の単車型ボンネット・バス「BH10」発売〈乗車定員63、「DS10型」ディーゼルエンジン搭載〉
	4	●日野初の単車型ボンネット・トラック「TH10」発売〈最大積載量7.5トン、「DS10型」ディーゼルエンジン搭載〉民需後発のため他社との競合を避け重量級7.5~8トン積からスタート
	6	▽朝鮮戦争勃発
	8	▽警察予備隊発足
	11	・社長大久保正二、「日野ヂーゼル販売」会長兼務
	—	・「特殊作業課(通称『特作』)を設置。朝鮮戦争の米軍破損車両修理を担当、その後の警察予備隊向車両開発の参考とした
1951 (昭和26年)	2	○ボンネット・トラック「SH10(7トン積)」発売〈最大積載量7トン、「DS10型」ディーゼルエンジン搭載〉
	5	○大型総輪駆動トレーラートラック「HA10・20低床式」発売〈6×6、第5輪荷重15トン、軍用エンジン改良版「DA55」搭載〉警察予備隊向に開発するも不採用
	11	・日野ヂーゼル販売菅波稲事社長就任
1952 (昭和27年)	1	●大型総輪駆動トラック「ZC10A・ZC20カーゴ、ZC20C型ダンプトラック」発売〈6×6、最大積載量8.5トン、「GF10型」ガソリンエンジン搭載〉警察予備隊向
	2	●大型総輪駆動トラック「ZC30・40ダンプ」発売〈6×6、最大積載量10トン、「DS10型」ディーゼルエンジン搭載〉
	7	・仏ルノー公団と乗用車「ルノー 4CV」の日本における製造・販売の契約締結
	9	●総輪駆動トレーラートラック「HB10」発売〈セミボンネット・ハイキャブ式、4×4、第5輪荷重6.5トン、「DS10型」ディーゼルエンジン搭載〉警察予備隊向
	—	○大型総輪駆動トレーラートラック「HC10」発売〈6×6、第5輪荷重9トン、「DL10型」ディーゼルエンジン搭載〉警察予備隊向に開発するも不採用
	12	●国産初のアンダーフロアエンジンバス「BD10ブルーリボン」発売〈乗車定員73、「DS20型」水平置ディーゼルエンジン〉、センターアンダーエンジンのレイアウトは「BK」「BL」「BG」「BN」で観光・路線共に使用された。1960年12月整備性に優れたリアアンダー水平エンジン「RB10」が登場して以降は「BT」が最後方乗り・前降り用路線系として1980年代まで息長く製造・使用された。
	—	●「TR22トロリーバス」東京都に納入〈乗車定員76、電動機92kW〉
1953 (昭和28年)	1	○アンダーフロアエンジンバス「BD10・ブルーリボン」東京駅八重洲口広場で展示発表会開催
	1	・仏ルノー公団と乗用車「ルノー 4CV」の日本における組立並びに国産化への細目契約締結
	3	●乗用車「ルノー 4CV」(R1062)」1号車完成〈3,610×1,430×1,485、WB 2,100、定員4、車両重量560kg、「622-2型」水冷直4 ガソリンエンジン 15.4kW(21馬力)〉
	3	○「日野ルノー」発表披露会日野本社、日野工場で開催
	4	・「日野ルノー販売株式会社」設立、従来のルノー販売会社「中外ルノー」を吸収合併
	10	●トラッククレーン「ZD10」〈6×6、クレーン吊上10トン、「DL10型」ディーゼルエンジン搭載〉発売
	10	・7月朝鮮戦争休戦協定調印に伴い『特作課』閉鎖
1954 (昭和29年)	1	○乗用車「日野ルノー(PA55)」日野型式で発売〈全長3,845mm、エンジン日野型式「KGH20型」〉
	1	●構内専用重ダンプ「ZG10」発売、ダム建設などで活躍〈4×2、5,830×2,635×3,120、WB 3,200、最大積載量11トン、「DA58型」ディーゼルエンジン 117.7kW(160馬力)〉
	7	▽防衛庁設置/自衛隊発足、警視庁・都道府県警察発足
	11	・専務松方正信、三井精機工業の管財人就任
	11	・社長大久保正二、日本におけるルノー車の製造、普及の功労により仏政府よりレジオン・ド・ヌール勲章を授与
	—	○三井精機工業と三輪トラックの販売で提携(「オリエントTR型」「オリエントAB型」「オリエントAC型」を日野販売網で1961年まで取り扱い)
1955 (昭和30年)	11	・「帝国自動車工業(元脇田自動車工業)」経営再建のため役員派遣
1956 (昭和31年)	5	●ボンネット・トラック「KS13」〈最大積載量6.5トン〉民間の使い勝手が良い他社並みのサイズをラインナップ
	8	・スペインへトラックのノックダウン輸出開始

年	月	主な出来事
1957（昭和32年）	9	●乗用車「日野ルノー（PA58）」完全国産化終了
	12	○構内専用重ダンプ「ZG13」、積載量・車体サイズ拡大〈4×2、6,360×3,000×3,200、WB 3,600、最大積載量：13.5トン、「DA59」ディーゼルエンジン 128.7kW（175馬力）〉
	―	○アンダーフロア用水平置「DS20型」ディーゼルエンジンを国鉄「レールバス」に搭載
1958（昭和33年）	3	○大型バス エアサスペンション付「BD14-P」発売
	10	●国内初のキャブオーバー型前輪2軸10トン積トラック「TC10」発売〈全長8,850mm、荷台長6,750mm、最大積載量10トン、「DS30型」ディーゼルエンジン 110.3kW（150馬力）〉
	11	○大型バス センターアンダーフロアエンジン高速バス「BL10」発売〈乗車定員80、「DS40T型」水平置ターボ付ディーゼルエンジン 147.1KW（200馬力）〉
	12	○ベルギー ブリュッセル万国博に出展の重ダンプトラック「ZG12」がメダイユダルジャン（銀賞）受賞
1959（昭和34年）	4	・日野ヂーゼル販売、日野ルノー販売を合併し「日野自動車販売株式会社」に改称（菅波稲事社長就任）
	6	・日野ヂーゼル工業を「日野自動車工業株式会社」に改称
	10	●大型バス 日野初のモノコックボディ、センターアンダーフロアエンジン「BN10-P」発売〈9,450×2,460×3,090、WB 4,430、乗車定員72、「DS40型」水平置ディーゼルエンジン 110KW（150馬力）〉
1960（昭和35年）	2	●小型商用車ミニバン「コンマース（PB10）」発売〈3,940×1,690×1,910、WB 2,100、定員2、最大積載量500kg、「GP10型」ガソリンエンジン 836cc 20.6kW（28馬力）〉ミニバスなどバリエーション多数、帝国自動車工業で生産
	6	・キャブオーバー型標準キャブの生産を「昭和飛行機工業」に委託（～2002年修了）
	10	●大型トラック 前輪2軸10トン積 パワーアップ版「TC51」発売〈「DS50T型」ターボ付ディーゼルエンジン 147.1kW（200馬力）〉
	12	●大型バス リアアンダーフロア水平置エンジン「RB10」発売〈「DS80型」水平置ディーゼルエンジン 118kW（160馬力）〉整備性に優れ最後部席も確保、観光・路線共に使用
1961（昭和36年）	1	○小型商用ミニバン「コンマース（PB11）」馬力、積載量をアップして発売〈最大積載量600kg、「GP10A型」ガソリンエンジン 893cc 25.7kW（35馬力）〉
	4	●乗用車「コンテッサ（PC10）」発売、初の自社開発〈3,805×1,475×1,415、WB 2,150、定員5、車両重量750kg、「GP20型」ガソリンエンジン 893cc 25.7kW（35馬力）〉
	4	●小型商用トラック「ブリスカ（FG10）」発売〈3,840×1,620×1,625、WB 2,230、定員3、最大積載量750kg、車両重量925kg、「GP20型」ガソリンエンジン〉三井精機工業で生産
	4	●大型観光系高出力バス「RC10P型」発売〈モノコックボディ、10,705×2,460×3,035、WB 5,500、「DK20型」ディーゼルエンジン 143.4kW（195馬力）〉
	5	・日野自動車工業松方正信社長就任
	11	●大型トラック 前輪2軸10トン積 モデルチェンジ「TC30」発売、キャブオーバー型新標準キャブを採用、以降新キャブ車型を拡大
	11	●大型トラック キャブオーバー型8トン積「TH80」新標準キャブを採用〈8,575×2,490×2,740、WB 4,800、荷台長6,150、「DS50型」ディーゼルエンジン 117.7kW（160馬力）〉
	11	・日野自動車販売天野千代吉社長就任
	―	○三井精機工業製軽3輪トラック「ハンビー」を日野ブランドで「ハスラー」として販売（東南アジアに輸出しタクシーとして活躍）
	―	●大型バス 国鉄試作高速バス「RX10」軽合金モノコックボディを発表〈10,990×2,480×3,025、WB 5,500、「DK20型」ディーゼルエンジン 水冷 直6 10.18L 169kW（230馬力）〉
1962（昭和37年）	3	○小型商用車「ブリスカ」の応用車、ライトバン・パネルバン・ダブルピックアップ発売、馬力をアップ〈29.4kW（40馬力）〉鉄道車両工業で製造
	5	○「日野ルノー（ルノー4CV）」の製造2ヵ年無償再延長について仏、ルノー公団と調印
	10	●「コンテッサ900スプリント」完成（イタリアのデザイナー、ミケロッティがデザイン・製作）10月トリノショー、1963年3月ジュネーブオートショー、4月ニューヨークオートショーに出展
	―	●輸出専用ボンネット・トラック「KE100」発売（低価格重量車）〈3軸後2軸、6×2、GVW 18トン〉
1963（昭和38年）	5	○乗用車「コンテッサ（900）」、第1回日本グランプリ自動車レースCⅢクラスで優勝
	6	●大型高速バス「RA100P」新発売 名神高速道路開通に対応〈11,950×2,490×2,950、WB 6,250、乗車定員50、「DS120型」ディーゼルエンジン 水冷 水平対向12気筒 16L 235.4kW（320馬力）〉
	8	○乗用車「日野ルノー」製造終了
	10	・「羽村工場」本格稼働
	10	○乗用車「コンテッサS（PC10S）」、「コンテッサ900スプリント」第10回全日本自動車ショーで発表
	10	○中型3.5トン積トラック「KM300」発表、第10回全日本自動車ショーにてペットネーム公募
	11	○乗用車「コンテッサS（PC10S）」発売〈エンジン馬力アップ29.4kW（40馬力）〉
1964（昭和39年）	1	○中型3.5トン積トラック「KM300」のペットネーム、「レンジャー」に決定
	3	・乗用車「コンテッサ（900）」5台にて第12回イースト・アフリカン・サファリ・ラリーに参戦
	3	●中型バス「RM100」発売〈リヤエンジン前扉、レンジャーKMの部品流用〉
	7	●中型3.5トン積トラック「レンジャーKM300」新発売〈5,910×1,900×2,300、WB 3,300、最大積載量3.5トン、「DM100型」ディーゼルエンジン 水冷 直6 4.3L 66.2KW（90馬力）〉

年	月	主な出来事
1964 (昭和39年)	7	・初の海外製造会社「タイ日野工業」設立
	9	●乗用車「コンテッサ1300(PD100)」(ミケロッティ デザイン)新発売〈定員5、「GR100型」ガソリンエンジン 直4 1,251cc 40.5kW(55馬力)〉
	10	・東京オリンピックに「コンテッサ1300」42台、「RM100中型バス」20台提供
	11	●大型ボンネット・トラック11トン積「ZM100D型」発売〈6×4 後2軸駆動、「DK10型」ディーゼルエンジン 直6 143kW(195馬力)〉
	—	・海外アフターサービス体制強化、海外派遣要員育成のため「FM(フィールドメカニック)制度」発足
1965 (昭和40年)	4	●乗用車「コンテッサ1300クーペ(PD300)」発売〈4,150×1,530×1,340、WB 2,280、定員4、車両重量945kg、「GR100型」ガソリンエンジン 水冷 直4 1,251cc 47.8kW(65馬力)〉
	5	●小型商用トラック「ブリスカ1300(FH100)」発売〈4,275×1,640×1,515、WB 2,520、定員3、最大積載量1,000kg、車両重量1,080kg、ガソリンエンジン「GR100型」水冷 直4 1,251cc 40.5kW(55馬力)〉
	7	○乗用車「コンテッサ1300クーペ、第5回国際自動車エレガンス・コンクール(イタリア アラーシオ)で名誉大賞受賞、「コンテッサ1300」も第1位受賞
	11	○乗用車「コンテッサ1300S」発売、セダンのボディにクーペのエンジンを搭載
	12	●小型バス「BM320」発売〈フロントエンジン中扉、「BM320T」帝国製スケルトン、「BM320K」金産製モノコック〉
1966 (昭和41年)	—	○乗用車販売促進を狙い米国西海岸地域で「チームサムライ」による「コンテッサ1300クーペ」のレース活動を展開
	7	○乗用車「コンテッサ1300クーペ、セダン」、第6回国際自動車エレガンス・コンクール(ベルギー ノッケ)で共に名誉大賞受賞
	8	○レーシングカー「コンテッサGTプロト(J494)」、全日本レーシングドライバー選手権第3戦で3位入賞
	9	○大型トラック クレーン「ZK700」発売〈6×4、クレーン吊上25トン、「DS50型」ディーゼルエンジン 直6 117.7kW(160馬力)〉
	10	・「日野自動車工業、日野自動車販売」、「トヨタ自動車工業、トヨタ自動車販売」は業務提携発表、日野は乗用車市場から撤退
	11	●大型トラック 2軸トレーラートラクター「HE300型」発売〈4×2、第5輪荷重8.5トン、「DK10型」ディーゼルエンジン 143kW(195馬力)〉
1967 (昭和42年)	2	●大型トラック 11トン積「KF700」発売〈6×2 後2軸、「DK10T型」ディーゼルエンジン 191kW(260馬力)〉
	4	・日野工場、トヨタ受託車、東日本向け「パブリカバンUP20V」生産開始
	5	・日野工場、トヨタ受託車「トヨタ ブリスカ」生産開始、(ハイラックス生産開始までの間)
	—	○乗用車「コンテッサ1300クーペ、第7回国際自動車エレガンス・コンクール(ベルギー サンミッシェル)で3年連続名誉大賞受賞、「コンテッサ1300」も第3位受賞
	9	●大型トラック 8トン積「KB320」発売〈4×2、「EB100型」ディーゼルエンジン 129kW(175馬力)〉
	10	●小型ライトバス「BM」、ペットネーム「レインボー」に決定
	12	●大型観光バスV型高出力エンジン搭載「RV100P」〈「EA100型」ディーゼルエンジン V8 206kW(280馬力)〉縦置エンジン採用により室内最後部にデッドスペース発生、「RC系」のほうが好評
	12	・羽村工場、トヨタ車専用棟完成
1968 (昭和43年)	3	・羽村工場、トヨタ受託車「初代ハイラックスRN10」「パブリカバンUP20V」製造開始
	6	○大型トラック フルトレーラー用前2軸「KG300」発売〈6×2、第5輪荷重10.5トン、「EA100型」ディーゼルエンジン V8 直噴 206kW(280馬力)〉キューブ形専用キャブは鉄道車輌工業製
	6	○大型トラック セミトレーラー用トラクター「HG300型」発売〈4×2、第5輪荷重8.5トン、「EA100型」ディーゼルエンジン V8 直噴206kW(280馬力)〉
	11	・文化放送の深夜番組「走れ！歌謡曲」スタート
1969 (昭和44年)	4	●中型トラック4.5トン積「レンジャーKL」シリーズ新発売〈ベッド付新Mプロキャブ、「EC100型」ディーゼルエンジン 直6 95.6KW(130馬力)〉
	6	●大型高速バス「RA900P」発売、初の国鉄東名高速バス 水平対向12気筒エンジンを搭載〈DS140型」ディーゼルエンジン 17.4L　257.4kW(350馬力)〉
	8	●大型トラック前2軸車フルモデルチェンジ「TC720」発売〈新Mプロキャブを採用、「DK10T型」ディーゼルエンジン 191kW(260馬力)〉以降大型トラック各車種は順次新Mプロキャブに切替
	11	○西独、MAN社とディーゼルエンジンのM方式に関する技術導入契約締結、1971年赤いエンジン「ED100型」に反映
1970 (昭和45年)	4	●大型ボンネット・トラック モデルチェンジ 8トン積「KB121」発売、ミケロッティ デザイン、ティルト式ボンネット〈「EB100型」ディーゼルエンジン 129kW(175馬力)〉
	—	●中型バスモデルチェンジ「RL100」発売〈リアエンジン、モノコックボディ〉
	6	●大型・中型キャブオーバー型トラック、トップマークを「ウイングマーク」に変更、以降順次切替え1994年まで使用
1971 (昭和46年)	1	・羽村工場、新テストコース完成
	2	○大型ボンネット・トラック 8トン積「KB112D」ダンプ〈4×2、「EB300型」ディーゼルエンジン 水冷 直6 9.8L 140kW(190馬力)〉
	7	●燃費、信頼性、耐久性に優れた「ワンナップ 赤いエンジン」誕生〈直6「ED100型」ディーゼル 191kW(260馬力)、V8「EG100型」ディーゼル 224kW(305馬力)、「EF100型」ディーゼル 206kW(280馬力)／257kW(350馬力)〉以降、日野車のエンジンは赤く塗装

年	月	主な出来事
1971 (昭和46年)	7	●大型セミトレーラートラクター「ハイキャブ化」(トレーラー容量(長さ)を最大確保するため運転席をエンジンの真上に設置、1979年10月で終了)
	7	○大型セミトレーラートラクター「HE340型」ハイキャブにさらにベッドレスショートキャブを採用〈4×2、「EF100T型」ディーゼル V8 ターボ付 257.kW(350馬力)〉
	10	●構内専用重ダンプ モデルチェンジ「ZG150」発売、サイズ、積載量拡大〈4×2、最大積載量15トン、「ED100型」ディーゼルエンジン 191kW(260馬力)〉
	11	・全社的品質管理推進に顕著な功績があったことが認められ、1971年度「デミング賞実施賞」受賞
1972 (昭和47年)	6	○中型トラック、パワーアップ「レンジャーKL-S」シリーズ発売〈「EH100型」ディーゼルエンジン 107kW(145馬力)〉
	6	●中型トラック「レンジャー」シリーズに6トン積「レンジャーKR320」追加設定〈「EH100型」ディーゼルエンジン 107kW(145馬力)〉
	10	・昭和47年国内市場上期占有率、大型トラック第1位、中型トラック30%突破
	—	●大型観光バス「RV500／RV700系」高出力エンジン、ミドルデッカーで好評、フロントウインド後方からルーフを盛上げたジャンボタイプなどあり
1973 (昭和48年)	3	●電気バス「BT900」試作、名古屋で試験運行
	10	●大型トラッククレーン「ZR300」発売〈8×4、低床キャブ採用、クレーン吊上：30トン〉
1974 (昭和49年)	4	・「日野ヨーロッパ」設立
	5	・日野自動車工業荒川政司社長就任
	7	○中型トラック、パワーアップ「レンジャーKL-SS」シリーズ発売〈「EH300型」ディーゼルエンジン 114kW(155馬力)〉
	11	●世界初、大型トラック4軸低床「KS390」(後3軸小径タイヤ)発売〈最大積載量11.25トン、「ED100型」ディーゼルエンジン 191kW(260馬力)〉
1975 (昭和50年)	4	・「帝国自動車工業」と「金産自動車工業」が合併し、「日野車体工業」発足
	7	・「新田工場」地鎮祭挙行
	7	●大型トラック マイナーチェンジ、フロントグリル上下2段タイプ採用
1976 (昭和51年)	1	○中型トラック マイナーチェンジ「レンジャーKL-SD」フロントグリル、室内シート変更
	2	●大型トラック マイナーチェンジ、室内ラウンドタイプ インストルメントパネル採用
	3	●中東向け専用トラック「KY」「ZY」、サウジアラビアで発表・発売
	4	●中型バス「RD300」発売
	12	●小型バス モデルチェンジ「レインボーAM100」発売〈フロントエンジン、スケルトンボディ〉
1977 (昭和52年)	1	○中型トラック パワーアップ「レンジャーKL-SD」シリーズ発売、ラウンドタイプ インストルメントパネル採用〈エンジン「EH700型」ディーゼルエンジン 121kW(165馬力)〉
	1	○大型トラック「HH341」セミトラクター、「TC561」フルトレーラー発売
	1	●構内専用重ダンプ「WP325」発売
	9	●大型観光スケルトンバス「RS120P」新発売、スケルトン構造の導入により美しい外板面を確保、モノコックボディのリベットと外板面の歪みを排除、日本の観光バス市場を変えた
1978 (昭和53年)	—	○中型トラック パワーアップ「レンジャーKL-SD」シリーズ最終版発売〈「EH700型」ディーゼルエンジン 125kW(170馬力)〉
	8	●小型トラック2トン積「レンジャー2」新発売(「ダイハツデルタ」のOEM供給商品)
1979 (昭和54年)	3	・日野自動車販売武藤恭二社長就任
	10	○大型トラック、国内仕様の左ドア下方に安全小窓設置
1980 (昭和55年)	1	●小型トラック3トン積「レンジャー3」新発売(「ダイハツデルタ」のOEM供給商品)
	2	●中型トラック モデルチェンジ「風のレンジャー」シリーズ発売
	10	●中型バス「RL」シリーズをモデルチェンジ、「レインボーRJ」シリーズ発売〈リヤエンジン、スケルトンボディ、板バネ、観光系はメルファ9に、路線系はレインボーIIに発展〉
1981 (昭和56年)	4	●大型トラック モデルチェンジ「スーパードルフィン」シリーズ発売
	8	・「タイ日野工業」、「風のレンジャー」シリーズ ラインオフ
	11	●大型トラック「スーパードルフィン」シリーズにわが国初のターボインタークーラー付「EP100型」ディーゼルエンジン搭載
	—	●輸出専用低価格大型トラック「FL186」発売〈3軸後2軸、6×2、GVW 21トン、中型キャブ〉
1982 (昭和57年)	2	●中型バス「レインボーRR」(板ばね+エアサスペンション併用)シリーズ新発売
	—	●大型バス観光・路線ともにスケルトン構造導入、「ブルーリボン」の名称復活
	—	●大型観光バス モデルチェンジ「ブルーリボンRU60／63」発売、〈スケルトン構造、床高さ3種(フルデッカー、ミドルデッカー、スタンダード)、「EF550型」ディーゼルエンジン 221kW(300馬力)、「EF750型」ディーゼルエンジン 243kW(330馬力)〉
	—	○大型路線バス モデルチェンジ「ブルーリボンHT／HU」発売〈スケルトン構造、リア縦置「EM100型」ディーゼルエンジン 直6 9.6L(225馬力)〉小排気量・縦置エンジンによる室内最後部のデッドスペースが不評

年	月	主な出来事
1983 (昭和58年)	6	・日野自動車工業深澤俊勇社長就任、日野自動車販売二見富雄社長就任
	10	●大型観光バス2階建て3軸「グランビューRY638」発売、スケルトン構造で2階建てを構成
	12	○大型トラック「スーパードルフィン」シリーズ マイナーチェンジ発売
	—	●輸出専用低価格大型トラック「FM186」発売〈3軸後2軸、6×4、GVW 21トン、中型キャブ〉
1984 (昭和59年)	—	○小型トラック2トン積、3トン積モデルチェンジ「レンジャー2／3」発売(「トヨタダイナ」のOEM供給商品)
	6	●中型トラック ショートキャブ20年ぶりモデルチェンジ、「デーキャブ レンジャーFB(3.5トン積)、FC(4トン積)」新発売
	—	●大型路線バス「ブルーリボンHT／HU」リアアンダーフロアエンジン形式に戻す〈水平置「ER200型」ディーゼルエンジン 165kW(225馬力)、「EK200型」ディーゼルエンジン 199kW(270馬力)〉日野路線バスのリアアンダーフロア水平置エンジン形式は2000年まで継続
1985 (昭和60年)	5	・茨木、御前山テストコース(現茨木テストコース)稼働開始
	8	●大型観光バス「ブルーリボンRU」に「グランシリーズ」「スーパーハイデッカー」追加
	—	●小型バス「レインボーAB」(フロントエンジン)シリーズ、「レインボーRB」(リヤエンジン)シリーズ新発売〈巾2m、長さ7m、リエッセへ発展〉
1986 (昭和61年)	6	●水素燃料エンジントラック「武蔵7号」を発表〈大気汚染原因物質をほとんど排出しない環境対応車両、武蔵工業大学(現東京都市大学)と共同研究、以降「武蔵9号」「バス」も製作〉
1987 (昭和62年)	6	・日野自動車工業二見富雄社長就任、日野自動車販売伊従正敏社長就任
	10	・トヨタ自動車との業務提携20周年を迎える
	12	●世界初のミッドシップエンジン小型観光バス「レインボー7M(CH)」発売〈小型限定免許などの事業者向けハイグレード仕様〉
	—	●小型観光バス「AM、AC」をモデルチェンジ「レインボー7W(RH)」(リヤエンジン)発売
1988 (昭和63年)	—	●中型路線バス「RR／RJ」シリーズ、モデルチェンジ
1989 (平成1年)	7	●中型トラック9年半ぶりモデルチェンジ「クルージングレンジャー」シリーズ発売
	10	○「大型ハイブリッド路線バス」プレス発表、東京モーターショーに出展
1990 (平成2年)	5	○中型トラック ショートキャブ マイナーチェンジ「デーキャブ レンジャーFB、FC」シリーズ発売
	5	・寒冷地テストコースを北海道芽室町に決定
	7	●大型観光バス モデルチェンジ「セレガ」シリーズ発売、「セクシー&エレガンス」がテーマ
1991 (平成3年)	1	・第13回ダカールラリー1991に初挑戦、4台中3台が完走、7、10、14位(エキップ・カミオン・HINOワークス参戦)
	—	●世界初のハイブリッド車 大型路線バス「ブルーリボンHIMR」(第1世代)発売、全国6都市でモニターテスト開始
1992 (平成4年)	1	・第14回ダカールラリー1992総合4、5、6、10位、4台すべてトップ10入り(エキップ・カミオン・HINOワークス参戦)
	5	●大型トラック11年ぶりフルモデルチェンジ「スーパードルフィン プロフィア」発売、快適・乗り心地・疲労低減・安全などの装置を率先装着
	5	・創立50周年記念式典開催
	10	○大型トラック「スーパードルフィン プロフィア」平成4年度「グッドデザイン賞」受賞
1993 (平成5年)	1	・第15回ダカールラリー1993総合6位(今年よりチーム子連れ狼HINOプライベート参戦)
	6	・日野自動車販売竹田晃社長就任
	12	●大型トラック「スーパードルフィン プロフィア」セミトラクターシリーズに新開発のV8ターボインタークーラーディーゼルエンジン搭載車を発売
	—	○大型路線ハイブリッドバス(第1世代)、国立公園バスとして日光で営業運転開始
	—	○中型ハイブリッドトラック「デーキャブレンジャー ハイブリッド」(第2世代)発売、集配トラックとして活躍
1994 (平成6年)	1	・第16回ダカールラリー1994総合2位、日本車初のカミオン部門準優勝(チーム子連れ狼HINOプライベート参戦)
	6	●ハイブリッド大型路線バス「ブルーリボンHIMR」発売
	10	・「新シンボルマーク」を制定、CIを展開
	10	●世界初の「コモンレール式燃料噴射システムディーゼルエンジン技術」発表
	10	○中型トラック マイナーチェンジ「ライジングレンジャー」発売(新シンボルマークを装着)
	12	●大型トラック マイナーチェンジ「スーパードルフィン プロフィア」発売(GVW 22トン・25トン対応「Lシリーズ」を追加、新シンボルマークを装着)
	12	○大型ディーゼルエンジン「P11C」、機械振興協会賞、日本機械学会賞(技術賞)、自動車技術会賞を受賞
	—	○大型路線ハイブリッドバス(第2世代)、国立公園バスとして上高地で営業運転開始
1995 (平成7年)	1	・第17回ダカールラリー1995総合2位、カミオン部門2年連続準優勝(チーム子連れ狼HINOプライベート参戦)
	2	●中型トラック ベッドレス「デーキャブ レンジャーFB、FC」モデルチェンジ、「ライジングレンジャー」シリーズに組込(デーキャブレンジャー生産終了)
	2	○小型トラック2トン積・3トン積 モデルチェンジ、「レンジャー2／3」発売(「トヨタダイナ」のOEM供給商品)
	6	○ディーゼル・電気ハイブリッド「HIMRシステム」、平成7年度環境賞受賞

年	月	主な出来事
1995 (平成7年)	8	●小型バス モデルチェンジ「リエッセ」発売〈リヤエンジン前扉は路線バスに最適、コミュニティバス市場を開拓、「日野ポンチョ」にバトンタッチ〉
	10	○大型観光バス 都市間高速路線仕様車「セレガ インターシティ」発売
	10	○大型トラック「スーパードルフィン プロフィア」、中型トラック「ライジング レンジャー」、小型バス「リエッセ」が平成17年度「グッドデザイン賞」受賞
	12	●大型ハイブリッド路線バス「ブルーリボンHIMR」(第2世代)発売
1996 (平成8年)	1	・第18回ダカールラリー1996総合6、11位／クラス別1、2位(本年よりチーム レンジャーHINOワークス参戦)
	―	●世界初のコモンレール式燃料噴射システム採用「JO8C型」ディーゼルエンジン、中型トラック「ライジングレンジャー」に搭載
	6	●小型バス「リエッセⅡ」新発売(トヨタ コースターのOEM)〈フロントエンジン中扉、価格がリエッセの約1/2〉
1997 (平成9年)	1	・第19回ダカールラリー1997総合／クラス別ともに1、2、3位を独占、同ラリー初の快挙(チーム レンジャーHINOワークス参戦)
	6	・湯浅浩社長就任
	12	●大型観光ハイブリッドバス「セレガHIMR」(第2世代)発売、1998年2月長野冬季オリンピックで活躍
	―	・研修センター シャノン21内に「トラックとバスの博物館 日野オートプラザ」開設
1998 (平成10年)	1	・第20回ダカールラリー1998 総合2位／クラス別1位(本年よりTEAM SUGAWARA プライベート参戦)
	2	・トヨタ自動車とタイにおけるトラックの商品相互供給を開始
	6	●小型観光バス モデルチェンジ「メルファ7 RH／CH」発売〈CHは全長7m、センターアンダーフロアエンジンの高級観光バス、小型限定免許などの事業者向け、2002年許可制への変更に伴い不要に〉
	10	○小型バス「メルファ7」1998年度グッドデザイン賞受賞
	10	●大型路線バス「ブルーリボンノンステップバス」新発売
	11	○大型トラック「スーパードルフィン プロフィア」にショートキャブシリーズ追加〈前2軸FNで荷台内寸長10m実現〉
1999 (平成11年)	1	・第21回ダカールラリー1999 総合4位／クラス別1位(TEAM SUGAWARA プライベート参戦)
	2	●大型トラック「スーパードルフィン テラヴィ」GVW(車両総重量)25トン、発売
	3	●中型バス モデルチェンジ「メルファ9」発売、大型観光バス「セレガ」の弟分としての高品質を全長9mで追求
	5	○中型トラック マイナーチェンジ「スペースレンジャー」発売
	5	●小型トラック「デュトロ」新発売、トヨタと共同開発(トヨタは「ダイナ」)、羽村工場で生産開始、(「レンジャー2／3」は販売終了)
	10	・「日野自動車工業」「日野自動車販売」合併して「日野自動車」と改称
2000 (平成12年)	1	・第22回ダカールラリー2000 総合5位／クラス別1位(TEAM SUGAWARA プライベート参戦)
	6	●大型路線バス モデルチェンジ「ブルーリボンシティ」発売〈ノンステップバスは「P11C」エンジンを直立横置〉
	―	○大型観光バスマイナーチェンジ「セレガR」発売〈「F17D型」ツインターボインタークラー付ディーゼルエンジン 331KW(450馬力を設定)〉
2001 (平成13年)	1	・第23回ダカールラリー2001 総合2位／クラス別1位(TEAM SUGAWARA プライベート参戦)
	6	・蛇川忠暉社長就任
	8	・第三者割当増資によりトヨタ自動車の子会社化
	12	●中型トラック「レンジャー」12年半ぶりフルモデルチェンジ、「レンジャープロ」発売(低公害車LEタイプ車を設定)
	―	●大型路線ハイブリッドバス「ブルーリボンシティHIMR(2ステップ)」(第3世代)発売
2002 (平成14年)	1	・第24回ダカールラリー2002 総合3位／クラス別1位(TEAM SUGAWARA プライベート参戦)
	1	・「いすゞ自動車」とバス事業での協業を合意
	2	●大型路線ハイブリッドバス「ブルーリボンHIMRバス」省エネ大賞資源エネルギー庁長官賞受賞
	2	●ノンステップ・コミュニティバス「ポンチョ(初代FF車)」発売(シャーシ、エンジンは仏PSA・プジョーシトロエン製FF貨物車、ボディーは日野グループで製造)
	5	・創業60周年
	9	○中型トラック「レンジャープロ」2002年度グッドデザイン賞受賞
	10	・「ジェイ・バス株式会社」日野自動車といすゞ自動車の共同出資で設立(日野・いすゞのバスを統合し効率的に生産)
	10	・「日野車体工業」、トラック部門を「株式会社トランテックス」として分割
	―	・スカニア社(スウェーデン)とトラクターの販売に関する提携を発表(2011年提携解消)
2003 (平成15年)	1	・第25回ダカールラリー2003 総合5位／クラス別設定なし(TEAM SUGAWARA プライベート参戦)
	―	●大型トレーラートラクター「日野スカニア トラクター」を販売、2010年まで)
	8	○トヨタと共同開発の「燃料電池(FC)バス」が東京都交通局で試験走行開始
	9	●小型ハイブリッドトラック「日野デュトロ ハイブリッド」(第4世代)新発売
	10	●大型トラック 11年半ぶりフルモデルチェンジ、新型「日野プロフィア」発売〈DPR搭載車は超低PM排出ディーゼル車認定制度85%低減レベル(★4ツ星、PJ-規制)に適合〉

年	月	主な出来事
2004 (平成16年)	1	・第26回ダカールラリー2004 総合5位／クラス別設定なし(TEAM SUGAWARA プライベート参戦)
	6	・近藤詔治社長就任
	6	〇中型トラック マイナーチェンジ、「日野レンジャー」と改称。DPR搭載車は超低PM排出ディーゼル車認定制度85%低減レベル(★4ツ星、PJ-規制)に適合
	6	●中型ハイブリッドトラック「日野レンジャー ハイブリッド」(第4世代)新発売
	10	〇「日野プロフィア」「日野レンジャー ハイブリッド」「日野デュトロ ハイブリッド」2004年度「グッドデザイン賞」受賞
	—	〇北米専用ボンネットトラック「HINO600」シリーズ発売〈クラス4 (GVW約6.5トン)～クラス7 (GVW約14.5トン)を設定〉
	—	●中型路線バス モデルチェンジ「日野レインボーⅡ」発売(いすゞ ガーラミオのOEM)
2005 (平成17年)	1	・第27回ダカールラリー2005 本年より2台体制 1号車：総合2位／クラス別1位〈1位のみ表彰〉、2号車：総合6位 (TEAM SUGAWARA プライベート参戦)
	1	●大型観光ハイブリッドバス「日野セレガRハイブリッド」(第4世代)発売
	1	●大型路線ノンステップハイブリッドバス「日野ブルーリボンシティ ハイブリッド」(第4世代)発売
	6	・運転講習・試乗施設「お客様テクニカルセンター」羽村工場内に開設
	6	・羽村工場、トヨタ受託車「ハイラックス」生産終了
	8	●大型観光バスをフルモデルチェンジ「日野セレガ」発売(「ジェイ・バス」小松工場の最新鋭設備生産第一作)
	10	〇大型観光バス「日野セレガ」2005年度グッドデザイン賞受賞
2006 (平成18年)	1	・第28回ダカールラリー2006 1号車：総合5位／クラス別設定なし、2号車：総合7位／クラス別設定なし(今年よりHINO TEAM SUGAWARAでワークス参戦)
	3	●小型ノンステップ路線バス モデルチェンジ「日野ポンチョ」(2代目)発売(コミュニティバスとしてノンステップ、ミニマムサイズを実現)
	—	●小型ハイブリッドトラック「日野デュトロ ハイブリッド」(第5世代)発売
	8	●大型トラック「日野プロフィア」に衝突被害軽減ブレーキシステム「プリクラッシュセーフティ(PCS)」標準装備し発売
	10	〇「日野ポンチョ」2006年度グッドデザイン賞受賞
2007 (平成19年)	1	・第29回ダカールラリー2007 1号車：総合13位、2号車：総合9位／クラス別1位〈1位のみ表彰〉(HINO TEAM SUGAWARAで参戦)
	—	・海外販売台数が国内販売台数を初めて上回る
2008 (平成20年)	1	・第30回ダカールラリー2008 スタート直前で中止
	5	●大型観光ハイブリッドバス モデルチェンジ「日野セレガ ハイブリッド」(第4世代)発売
	6	・白井芳夫社長就任
2009 (平成21年)	1	・第31回ダカールラリー2009〈本年より南米で開催〉 1号車：総合26位／クラス別6位、2号車：総合14位／クラス別2位(HINO TEAM SUGAWARAで参戦)
	4	・小型バス 日野リエッセをベースとした「水素燃料エンジンバス」日本初の公道運行〈東京都市大学(旧武蔵工業大学)と共同研究〉
	7	・「日野トラック・バス」生産累計300万台達成
2010 (平成22年)	1	・第32回ダカールラリー2010 1号車：リタイア、2号車：総合7位／クラス別1位(HINO TEAM SUGAWARAで参戦)
	4	●大型トラック「日野プロフィア」(DPRと尿素SCRシステムを組み合わせたクリーンディーゼルシステム「AIR LOOP」搭載、衝突被害軽減システム「PCS」を標準設定)
	—	●中型トラック「日野レンジャー」(DPRと尿素SCRシステムを組み合わせたクリーンディーゼルシステム「AIR LOOP」搭載)
	7	●「日野プロフィア、日野セレガ」プリクラッシュセーフティ(PCS)システム標準装備(注：「PCS」(プリクラッシュセーフティ)は、トヨタ自動車株式会社の登録商標)
	11	・星子勇氏(元日野重工業専務取締役)日本自動車殿堂入り
	12	●大型路線バス「燃料電池(FC)ハイブリッドバス」、東京都心～羽田空港間営業運行に車両提供(トヨタと共同開発)
2011 (平成23年)	1	・第33回ダカールラリー2011 1号車：13位／クラス別2位、2号車：総合9位／クラス別1位(HINO TEAM SUGAWARAで参戦)
	7	●小型トラック「日野デュトロ」フルモデルチェンジ(クリーンディーゼルシステム「AIR LOOP」搭載、日野単独開発車となりトヨタにOEM供給)
	7	●小型ハイブリッドトラック「日野デュトロ ハイブリッド」(第6世代)発売〈電気モーター走行可能に改良〉
	10	〇フルモデルチェンジ「日野デュトロ」2011年度グッドデザイン賞受賞
	11	・鈴木孝氏(元副社長)、日本自動車殿堂入り
	—	●輸出大型トラック「HINO700シリーズ」に鉱山開発用大型重ダンプ「ZY(4軸)」「ZS(3軸)」発売
2012 (平成24年)	1	・第34回ダカールラリー2012 1号車：24位／クラス別3位、2号車：総合9位／クラス別1位(HINO TEAM SUGAWARAで参戦)
	4	●「プリクラッシュセーフティ」、ゼロクラッシュジャパンの「セーフティ・オブ・ザ・イヤー2011」受賞
	5	・古河工場稼働開始
	11	〇「大型車用排出ガス浄化システム」超モノづくり自動車部品賞受賞

年	月	主な出来事
2013 (平成25年)	1	・第35回ダカールラリー2013 1号車：31位／クラス別4位、2号車：総合19位／クラス別1位(HINO TEAM SUGAWARAで参戦)
	2	○超低床・前輪駆動、電動(EV)小型トラック開発
	3	●小型EVバス「日野ポンチョEV」営業運行開始
	3	○ハイブリッドのトラック・バス販売累計1万台突破
	6	・市橋保彦社長就任
	10	●中型バス「日野メルファ」ベースのプラグインハイブリッドバスを開発
2014 (平成26年)	1	・第36回ダカールラリー2014 1号車：32位／クラス別2位、2号車：総合12位／クラス別1位(HINO TEAM SUGAWARAで参戦)
	2	●世界初「大型トラック用ハイブリッドシステム活用電動冷凍システム」を開発
	2	○「尿素を使用しない排出ガス後処理システム」第11回新機械振興賞「経済産業大臣賞」受賞
2015 (平成27年)	1	・第37回ダカールラリー2015 1号車：32位／クラス別2位、2号車：総合16位／クラス別1位(HINO TEAM SUGAWARAで参戦)
	1	●海外中型トラック モデルチェンジ「HINO500シリーズ」インドネシアにてラインオフ、地域適格商品の効率的生産システム第1弾として生産・発売
	1	●「トヨタフューエルセーフシステム(TFCS)搭載バス」豊田市営業運行向けに提供(トヨタと共同)
	7	●「東京都の燃料電池バス(FCバス)」トヨタと共同で実証実験実施
	8	●大型路線ハイブリッドバスモデルチェンジ「日野ブルーリボン ハイブリッド」(第6世代)〈いすゞエルガと共通ボディに変更、発進時のモーター走行可〉
2016 (平成28年)	1	・第38回ダカールラリー2016 1号車：31位／クラス別2位、2号車：総合13位／クラス別1位(HINO TEAM SUGAWARAで参戦)
	―	・日野ハイブリッド車(HIMRバス)発売25周年
	4	●中型路線バス「日野レインボーⅡ」を改良、「日野レインボー」として発売
	12	●小型バス モデルチェンジ「日野リエッセⅡ」を発売
2017 (平成29年)	1	・第39回ダカールラリー2017 1号車：29位／クラス別2位、2号車：総合8位／クラス別1位(HINO TEAM SUGAWARAで参戦)
	4	●中型トラック「日野レンジャー」16年ぶりにフルモデルチェンジ(全車でダウンサイジング新「A05C型」ディーゼルエンジンを採用、安全装備を充実)
	5	●大型トラック「日野プロフィア」13年半ぶりフルモデルチェンジ(ダウンサイジング「A09C型」ディーゼルエンジンの採用を拡大、すでに標準装備の安全装備をレベルアップ)
	6	・下義生社長就任
	9	・古河工場本格稼働(大型・中型トラックの生産を日野工場から完全に移転)
	10	○「日野プロフィア」2017年度グッドデザイン金賞受賞、「日野レンジャー」グッドデザイン賞受賞
	10	○大型トラック用「A09C型」ディーゼルエンジン 2017年超モノづくり部品大賞〈日本力(にっぽんぶらんど)賞受賞
	11	・鈴木孝幸(元副社長)日本自動車殿堂入り
2018 (平成30年)	1	・第40回ダカールラリー2018 1号車：リタイア、2号車：総合6位／クラス別1位(HINO TEAM SUGAWARAで参戦)
	4	・Volkswagen Truck & Bus(現TRATON)と戦略的協力関係構築に向け同意
	7	●大型観光バス「日野セレガ」ドライバー異常時対応システム(EDSS)搭載。EDSS搭載は商用車世界初
	10	○「ドライバー異常時対応システム(EDSS)」「燃料電池バス(SORA・トヨタブランド)」2018年度グッドデザイン賞受賞
	11	○「1952年 日野ブルーリボンBD10」2018日本自動車殿堂歴史遺産車認定
2019 (平成31年)	1	・第41回ダカールラリー2019 1号車：リタイア、2号車：総合9位／クラス別1位〈クラス別10連覇〉(HINO TEAM SUGAWARAで参戦)
	3	・「トラックモジュールフレームおよびロール成形技術を用いた在庫ゼロの順序生産ラインの開発」にて「大河内記念生産特賞」受賞
	―	・国内大中型トラック(普通トラック)販売シェア46年連続NO.1(2018年度)
	3	・「お客様テクニカルセンター」受講者累計92,000人突破(2019年3月時点)
	5	●大型路線バス「日野ブルーリボン ハイブリッド 連節バス(120人乗)」を発売(いすゞと共同開発)
	6	●大型ハイブリッドトラック「日野プロフィア ハイブリッド」を発売、同時に世界初「大型トラック用ハイブリッドシステム活用電動冷凍車」を発売

年表作成：大森重美(日野自動車 元日野オートプラザ展示企画担当)

2010年以降の車両紹介

■**小型トラック　日野デュトロ ハイブリッド／市販車（2011年）**
日野デュトロ ハイブリッド TSG-XKU712M、エンジン：N04C-UL　4.009リッター　110KW（150PS）＋ハイブリッドシステム、トランスミッション：AMT6段、寸法（全長×全幅×全高）mm：6,180×2,180×2,270、乗車定員：3人、モーター出力：36kW、バッテリー：ニッケル水素　288V/6.5Ah、車両総重量：6,295Kg

■**鉱山用超大型ダンプ　HINO700シリーズ／輸出専用車（2011年）**
HINO700 ZY1EWPD-XS、エンジン：E13C-WD 12.931リッター　302kW（410PS）、トランスミッション：マニュアル16段、寸法（全長×全幅×全高）mm：9,665×2,555×3,750、乗車定員：2人、車両総重量：50,000Kg

■**大型路線バス　日野ブルーリボン ハイブリッド／市販車（2015年）**
日野ブルーリボン ハイブリッド QSG-HL2ANAP、エンジン：A05C-K1　5.123リッター　184kW（250馬力）＋ハイブリッドシステム、トランスミッション：HV専用AMT6段、寸法（全長×全幅×全高）mm：10,555×2,490×2,962、乗車定員 人（座席＋立席＋乗務員）：79（51＋27＋1）、モーター出力：90kW、バッテリー：ニッケル水素　7.5kWh/26Ah

■**中型路線バス　日野レインボー／市販車（2016年）**
日野レインボー SKG-KR290J2、エンジン：4HK1-TCS　5.2リッター　154kW（210PS）、トランスミッション：AMT6段、寸法（全長×全幅×全高）mm：8,990×2,300×3,045、乗車定員 人（座席＋立席＋乗務員）：61（24＋36＋1）

■中型トラック　日野レンジャー／市販車(2017年)
日野レンジャー　2PG-FE2APBG、エンジン：A05C　5.123リッター　191KW（260PS）、トランスミッション：AMT 7 段、寸法（全長×全幅×全高）mm：9,680×2,490×3,570、乗車定員：2 人、車両総重量：13,520Kg

■大型トラック　日野プロフィア／
市販車(2017年)
日野プロフィア 2RG-FW1AXHG、エンジン：A09C　8.866リッター　279KW（380PS）、トランスミッション：AMT12段、寸法（全長×全幅×全高）mm：11,970×2,490×3,780、乗車定員：2 人、車両総重量：24,880Kg

■大型観光バス　日野セレガ／
先進安全技術搭載市販車(2018)
日野セレガ スーパーハイデッカー 一般観光 11列シート2RG-RU1ESDA、エンジン：E13C-AE 12.913リッター 331KW（450PS）、トランスミッション：ATM 6 段、寸法（全長×全幅×全高）mm：11,990×2,490×3,750、乗車定員：50人、車両総重量：15,660Kg

■大型路線バス　日野ブルーリボン ハイブリッド 連節バス／市販車(2019年)
日野ブルーリボン ハイブリッド 連節バス、エンジン：A09C　8.87リッター　265kW（360PS）＋ハイブリッドシステム、トランスミッション：AMT 7 段、寸法（全長×全幅×全高）mm：17990×2495×3240、乗車定員：120人、モーター出力：90kW、バッテリー：ニッケル水素　7.5kWh/26Ah、車両総重量：25トン

●参考文献●

- (1-2-1): 竹島嘉郎『最新自動車工学』運輸通信社、1955
- (1-2-2): 「懐かしの木炭乗用車」トヨタ自動車株式会社　トヨタ博物館、1997
- (1-2-3): SAE Historical Committee, *The Automobile: A Century of Progress*, SAE, 1997
- (1-2-4): 鈴木孝『20世紀のエンジン史』三樹書房、2000
- (1-3-1): 工業教育振興会『内燃機関』工業教育振興会、1933
- (1-4-1): 原乙未生他『日本の戦車』出版協同社、1978
- (1-4-2): 深作裕喜子, "Technology Imports and R&D at Mitsubishi Nagasaki Shipyard in the Pre-War Period", *Bonner Zeitschrift für Japanologie*, Vol.8 Bonn 1986, 矢野巍訳
- (1-4-3): 鈴木孝『ディーゼルエンジンと自動車』三樹書房、2008
- (1-4-4): 「内燃機関展望」『日本機械学会誌』Vol. 55、No398、1952
- (1-5-1): 安藤喜三「自動車技術に挺身したガス電自動車部」『日本自動車工業史口述記録集』自動車工業振興会、1975
- (1-5-2): 所沢陸軍飛行学校『発動機工術(巻二)』再販、1932（柿賢一氏提供）
- (1-5-3): 鈴木孝『エンジンのロマン』三樹書房、2002
- (1-5-4): 星子勇「自動車工業助成策に就いて」『日本機械学会誌』Vol.33, No.161, 1930
- (1-5-5): 鈴木孝他 "ガス電「神風(しんぷう)」航空エンジンとその内視鏡検査"『エンジンテクノロジー』Vol. 9, No.2, 2007
- (1-5-6): 秋本実『日本飛行船物語』光人社NF文庫、2007
- (1-5-7): 富塚清『航研機』三樹書房、1996
- (1-5-8): 日本航空学術史編集委員会『航研機』丸善株式会社、1999
- (1-5-9): Takashi Suzuki, *"Gas-Den" its Technology Transfer and the shadow Factory — Engineering Management of Isamu Hoshiko —*, ICBTT2006, JSME, 2006
- (1-5-10): 鈴木孝他「二次大戦中のガス電(日立航空機／日野)「初風」に見る真の技術移転」『日本機械学会公開研究会』論文 No.04-79、2004
- (1-5-11): 野沢正『日本飛行機100選』秋田書店、1972
- (1-5-12): 鈴木孝「ヴェールを脱いだガス電(現日野)空冷アルミディーゼル」『日本機械学会2002年度年次大会後援論文集』2002
- (1-5-13): 鈴木孝他 "「ハ51型」星型22シリンダエンジンとガス電航空エンジンの系譜"『日本機械学会論文集』74巻746号C編、日本機械学会、2008
- (1-6-1): 鈴木孝「飛行機を量産したトラック会社と星子勇」『日本機械学会、技術と社会部門』NO.06-91, 202, 日本機械学会、2006
- (3-1-1): 鈴木孝『ディーゼルエンジンの挑戦』三樹書房、改訂新版 2008
- (3-1-2): 塩沢進午『日本モーターレース創造の軌跡』ネコ・パブリッシング、2009
- (3-2-1): 鈴木孝「ストロークボア比とエンジンの重量および耐久性に関する一考察」『内燃機関』Vol4, No4. 1965
- (3-2-2): Hidehiko Enomoto, "Structural Design Concept for Large truck" *2nd DEKRA-Symposium on Passive Safety of Commercial vehicles*, 2000
- (3-2-3): Takashi et al, Development of a Higher Boost Turbochargd Diesel engine for Better Fuel Economy in Heavy Vehicle, SAE, 830379 1983
- (3-4-1): 高岸清『日本の自動車』秋田書店、1971
- (3-4-2): 富塚澄『内燃機関の歴史』三栄書房、1969
- (4-2-1): 近藤卓他「水素エンジンの異常燃焼に関する研究」『日本機械学会論文集(B編)』Vol.63, No.610、1997
- (4-2-2): 白倉寛之他「予混合水素エンジンのバックファイヤ抑制に関する研究」『自動車技術会学術講演会前刷集』No.29-10, 2010
- (4-3-1): 鈴木孝幸『ecoテクノロジーへの挑戦』毎日新聞社、2008
- (4-4-1): 石谷久「水素・燃料電池実証プロジェクト活動総括」JHFCセミナー、2007
- (4-5-1): 佐藤雄三「安全性と超寿命を実現した次世代二次電池、カーエレクトロニクス最前線2010」自動車技術会、2010
- (4-5-2): 谷口雅彦、環境対応自動車用電池の過去・現在・未来、自動車技術 Vol63、No.9, 2009
- (5-1): 山根浩二「バイオディーゼル技術最前線」『学士会会報』No.878, 2009

あとがき

　2010年、日野自動車はその創業から100年を迎え、自動車製造開始から93年を数える。馬車、牛車が物流の中心であった時代、軍用保護自動車にその量産の解を見出した先見が、必然的に軍事産業に斜傾し、ガス器具の製造会社が重工業の道に分け入ったいわば数奇の歴史を辿った。そのおびただしい種類の製品から主流と思われるものおよび技術史的意義を訴えたいものを選び、技術を通して通覧した。

　100年にわたる壮大なスペクタクルの幕は松方五郎という偉大な先人によって切って落とされ、その連綿と繋がる技術の道程と方向は星子勇という先哲によって示され、幸いにしてその挑戦と行動を中心とする意思と哲学は、幾つかの企業形態の変遷の中で、優れた先輩達によって今日まで受け継がれ多くの優れた製品を通して社会に貢献出来てきた。

　昭和史の最大の事件は言うまでもなく第二次大戦であるが、その来るべきことを自動車製造開始の時点で予見し、シャドウファクトリーとしての研鑽を自動車産業の必須条件として行動に移した星子の先見は畏敬をもって仰ぎ見る他はない。それは一国の存亡の危機に対峙した自動車産業の視点であったが、翻って今、自動車産業は環境危機、資源危機、資本主義危機の最中に巻き込まれていると言って良い。それらに対峙すべき必須条件は何であるか、その行動は如何にあるべきかが問われている。地球を臨み、多くの民族風俗を洞察する時、その解に一般解があるはずがない。複眼をもって広く周囲を見渡し、衆智を結集し、いくつかのベストの特解を求むべきである。技術はそれぞれの特解にベストを尽くして挑戦すべきである。

　100年の技術史は時代々々の先人の苦行と誇りと歓喜の報告書である。限られた紙面にその核心を伝授すべき才の欠如を嘆くものであるが、言足らずの木簡の中から、技術を見る目の一助でも見出して頂けるならば幸いである。

　尚、本文に記したようにガス電は自動車、航空機以外にも例えば工作機械など多くの足跡を残しているが、本書ではそれらは省略し、日野自動車の源流であるガス電自動車製造部の流れに的を絞った。

　本書出版の動機は三樹書房の強い意志と要望によるもので、かねがねこの種の整理を望んではいたのであるが、当然一人では手に負えない内容で、実に多くの方々のご援助を賜った。ガス電の資料は国立科学博物館の鈴木一義氏並びに元多摩美術大学教授の川上顕治郎氏から、航空機関係の多数の写真は秋本　実氏から、また航空エンジン関係の資料は柿　賢一氏から御提供賜った。

水素バスエンジンに関しては日野自動車で、かつてエンジン屋仲間であったが、図らずも急逝されてしまった東京都市大学故瀧口雅章教授よりいろいろ御教示賜った。株式会社ニッキの安川平八氏にはキャブレターの解析調査をお引受け頂き、トヨタ博物館杉浦孝彦氏からは旧軍車の写真などを、江沢智氏からはガス電、乗用車などの資料を、松尾穎樹氏からはガス電ダイムラーエンジンなどの資料をさらにリカルド社のモリソン氏(Mr. David Morrison)および田口英治氏、ロンドン科学博物館のナーフム博士(Dr. A. Nahum)、スミソニアン博物館のマウイニー氏(Mr. Rob Mawhinney)、ナザロ氏(Mr. Matt Nazzaro)および葉山耕二氏より貴重な資料を御提供頂いた。また全ての御尊名を記し得ず心苦しいが、日野自動車の現役、OBの多くの諸兄の献身的なご協力を頂いた。特に第2章2節、「特作」についてはその後の日野製品に大きな影響を与えたにも関わらずその記録がほとんど無く、当時その中心におられた佐藤 嵩氏をわずらわし、貴重な写真と共にその実態を御教示賜った。また第5章、環境とグローバル社会に対しては鈴木孝幸技監をわずらわし執筆を依頼し、加筆、語調を整えさせて頂いた。最終的な編纂写真の整理などのまとめは、首藤 浩、大森 重美 両氏によるものである。これらの諸氏に心からの御礼を申し上げたい。また未曾有の経済危機の最中、終始本書の執筆にご激励頂いた三樹書房小林謙一社長、その大変な編集を手掛けていただいた山田国光氏、木南ゆかり氏他の方々に厚く御礼申し上げたい。

　また、末尾ながら、小口泰平芝浦工業大学名誉学長からは、深い洞察に富んだ高尚な御推薦のおことばを賜り、深甚なる御礼を申し上げる次第です。

　最後に、100年の幅広い技術の中に、その解釈、解説に誤謬、誤解無き事を期し得ない、諸賢のご叱責御指摘を賜りお許しを乞うものである。

　一技術者として未熟のまま、一生を捧げた日野自動車の一層の発展を願って筆を擱く。

鈴木　孝

●以下の施設で、本書に登場するクルマやエンジンの一部を見学することができます。

日野オートプラザ(博物館)

〒192-0916　東京都八王子市みなみ野5-28-5　㈱日野自動車21世紀センター
TEL：042-637-6600
※開館日や展示内容等の情報は、以下のホームページで確認することができます。
http://www.hino.co.jp/j/brand/autoplaza/index.html

編著者略歴

鈴木　孝（すずき・たかし）

1928年長野市生まれ。1952年東北大学工学部卒業、日野ヂーゼル工業（現日野自動車）入社。研究開発部に所属し、エンジンの設計、開発に従事。コンテッサ900、1300およびヒノプロト用ガソリンエンジン、日野レンジャー、赤いエンジンシリーズなどのディーゼルエンジンの設計主任を歴任。1977年京都大学にて工学博士号取得。以後、1987年新燃焼システム研究所社長兼務、1991年日野自動車副社長を務め、1999年同社退社。SAE（アメリカ自動車技術会）Fellow、IMechE（イギリス機械学会）Fellow、ASME（アメリカ機械学会）特別終身会員。

1978年科学技術長官賞、1988年Calvin W. Rice lecture賞（アメリカ機械学会）、1988年Forest R. McFarland賞（アメリカ自動車技術会）、1994年自動車技術会 技術貢献賞、1996年谷川熱技術賞、1998年SAE Recognitions賞（アメリカ自動車技術会）、1999年日本機械学会 エンジンシステム部門賞、2006年日本機械学会 技術と社会部門賞など数々の賞を受賞。1995年には紫綬褒章（科学技術）を受章。

著書に、『エンジンの心』（日野自動車販売　1980年）、『自動車工学全集　ディーゼルエンジン』（共著　山海堂　1980年）、『エンジンのロマン』（プレジデント社 1988年）、『発動机的浪漫』（北京理工大学出版　1996年）『Romance of Engines』（SAE　1997年）、『20世紀のエンジン史』（三樹書房　2001年）、『エンジンのロマン 新訂版』（三樹書房　2002年）、『ディーゼルエンジンと自動車』『ディーゼルエンジンの挑戦』（ともに三樹書房　2008年）、『名作・迷作エンジン図鑑』（グランプリ出版　2013年）、『古今東西エンジン図鑑』（グランプリ出版　2017年）。

日野自動車の100年
世界初の技術に挑戦しつづけるメーカー

編著者　鈴木　孝

発行者　小林　謙一

発行所　三樹書房

URL http://www.mikipress.com

〒101-0051東京都千代田区神田神保町1-30
TEL 03(3295)5398　FAX 03(3291)4418

印刷・製本　シナノ パブリッシング プレス

©Takashi Suzuki／MIKI PRESS　三樹書房　Printed in Japan

※本書の内容の一部、または全部、あるいは写真などを無断で複写・複製（コピー）することは、法律で認められた場合を除き、著作者及び出版社の権利の侵害になります。個人使用以外の商業印刷、映像などに使用する場合はあらかじめ小社の版権管理部に許諾を求めて下さい。

落丁・乱丁本は、お取り替え致します